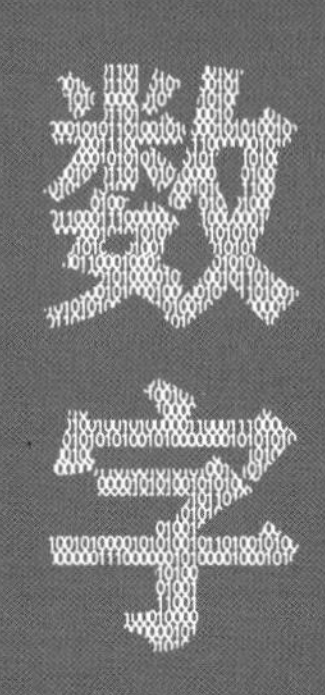

王卓男 著

中国建筑工业出版社

王卓男 著

顾问：
张晓东 （高级工程师）

参与成员（按参与时间排序）：
黄文博 白云峰 高敏 宋沁 蔡新雨 张娜 段晓云 郑虹玉 顾宗耀 高超 孙宇 张沛鑫 魏星 王志明 周江

项目合作单位：
内蒙古向度信息技术有限公司
瞰景科技发展（上海）有限公司
内蒙古沛霖测绘科技有限公司

作者简介

王卓男，男，1968年8月生，汉族，天津人，学士，副教授，硕士生导师。现就职于内蒙古工业大学建筑学院，建筑学硕士研究生导师，已指导毕业硕士生31人，现在读硕士生11人。

主要研究方向为建筑历史、古建筑保护。发表论文4篇，主持5项科研项目，其中四项已结题。

前言

辽塔在中国建筑史中有着举足轻重的地位，在很多地区亦是历史最悠久的地面建筑物。其宏大的体量、细腻的砖雕均令观者感到宏伟壮观，其建造原则与过程也成为建筑历史研究者关注的重点。对辽塔的研究进程已接近百年，前期研究者从不同角度对辽塔予以各方面阐释。由于辽塔蕴藏的内涵博大精深，故对现存辽塔仍有更深入研究之处。本书通过对辽塔进行三维数据测绘，从而取得其实际比例的数据模型，探索新的"活图"表现手段，并尽可能将这丰富而详尽的数据呈现给辽塔研究者和对辽塔关心的读者，期待会有更翔实的成果产生。

1. 辽塔选择

辽塔广泛分布于我国内蒙古、吉林、辽宁、河北、天津、北京、山西等地区以及蒙古国。团队通过查询网站、文物名录、书籍、学术论文等方面的内容确定辽塔，在搜集的过程中发现部分辽塔的建造年代难以确定，书中所列出的辽塔是初建年代相对确定或辽代修缮的早期佛塔，以及辽代后期修缮的辽塔。团队以此作为实地勘察的目标，将有条件测绘的辽塔进行三维扫描、倾斜摄影建模。现获取辽代砖塔、石塔幢数量为100座，其中八塔子塔（辽宁省锦州市义县前杨乡八塔村）的八座小塔作为一处统计，扫描数据84座，倾斜摄影数据81座。书中列出和辽塔毗邻的三座金代砖塔不在辽塔统计范围之中。

2. 新技术测绘

测绘是研究古建筑的基础工作，其中得到的详细数值是今后从事研究、保护工作的前提。针对目前许多辽塔已成为国保单位，对其进行实地精准测量的同时，形成数据库是十分必要的，是"功在千秋、利在当代"的事情。目前，激光测绘技术的发展使得数据更加精准，其毫米级的精准度足以满足古建筑保护和修缮的需求。三维数据将传统测量依照几个点确定建筑长、宽、高的做法发展为建筑整体的数据，我们总结其为从一维度测量到二维度测量关系的转变，极大地丰富了古建筑研究的信息量。诚然，目前的技术相对繁琐，需要我们不断实践，学习这些技术在古建筑中的应用方法，在精准和高效兼顾的同时找到平衡点。

3. 古塔与数字

建筑策划、设计、施工均离不开数字，建造材料规格选择、施工工序都需要准确的数值作为支撑，数值是建筑作为工程从设想到落成各环节必须具备的依据，更是我们记录、研究和保护的重要根据。辽塔作为千年前的高层建筑，其建造是一个材料"数字"的叠砌过程，其高精准度的建造步骤使每一座辽塔成为数字逻辑关系的体系。辽塔除具有绝对数值外，其形式还应蕴含特定的比例关系，在这方面前人已有初步研讨。辽塔建筑各部分数值是本书中重点阐述的内容，精确数值所得到的准确结论使我们更加接近古代建造者的思路。

4. 视角

现代人观察辽塔是从远及近、从平视到仰视的过程，而对于每一座辽塔的建设者而言，作者认为有着先俯视而后平视再仰视的顺序。如追溯设计过程可推断这样的场景：宫殿里君王坐在龙榻之上俯视几个辽塔的"模型"（古代的"模型"不同的称呼：型样、铸型、沙盘、法、烫样），参与建造的官员、僧人、工匠向他呈报拟建塔各项内容，包括寓意、资金、时间等，当时塔的模型应该是可以快速拆解、拼装的，以便于商讨。方案确定后工匠会将小尺度的构件逐一放大为图形，绘制在纸上、墙上、地面，而后开始用不同材料修建，以上是俯视和平视辽塔的阶段，与之后辽塔观察者的第一视角有所不同。到工程接近尾声摘掉遮蔽佛像眼睛的红布，拆除最后一块“鹰架”（古代的脚手架）才会有信众对其膜拜的仰视。目前电脑屏幕上旋转着的数字模型是对辽塔多角度的审视，以类似古代营建者俯视的视角观察辽塔。

5.表现方法

数值化表达形式也是本书进行的一次探索，前期按照传统测绘成果要求已将二十余座辽塔绘制为正投影图，绘制过程中遇到古建筑表现经常面临的几个“老大难”问题，针对于多边形的辽塔显得尤其突出。首先，各构件细微的变化无法表现，对其同样勾描为直线表现出的古建筑是“崭新”的，已然失去古塔的沧桑感；其次，线条绘制过程中对基础数据进行取舍，对古塔的真实性产生干预和变动；再次，辽塔多数为八边形、六边形，每面有诸多形态各异的造像，以投影关系绘制准确立面图难度极大。针对于以上问题，成书采用了近景摄影测量技术所生成的立面图，表达数值尺寸的同时，也较真实地体现了古塔的材质，反映出采集数据状态下的自然光影，使立面图变得有体积感、蕴含更多信息，这使得图纸“活”起来，这种易读的表现方式适合于跨学科、多方向的研究者使用。这种表现方法是未来建筑逆向表现的趋势，未来测量技术更新会使得操作步骤轻松而简便。

6.准确性

通过查询与汇总，发现不同资料对部分辽塔的总高度描述不一致，有些数值的变化非常大。分析后认为大多是引用维修前、后的数值不一致的问题；还有对于辽塔的数值描述存在标准不统一的情况，推测其成因如下：对于塔下部分而言，历经千年，原始地坪发生了很大变化，风沙堆积使地坪抬高，塔的可视高度就会变低，反之，取土凿石会使得塔看起来变高了；还有具有丰富含义的塔刹，建造时应有其形式及高度要求，但绝大多数的塔刹近代已不复存在，现有完整塔刹均为补建，这也使得对塔的高度描述方面产生误差。本书中塔高以现有台明或地坪和明确的塔顶建筑构件为测量基准给出高度，并辅以等比例方格网以便读取横向、纵向绝对尺寸数值。

7.照片选择

书中选择辽塔具有代表性的人视、细部照片，体现最佳视角及保存较完整的原始构件现状，尽可能提供无人机鸟瞰照片，反映塔周围环境的同时呈现辽塔“第一视点”。编制过程中多方面查找老照片，通过现状和老照片的对比可了解辽塔主要信息的变化。书中标注“*”的老照片出自《辽金时代的建筑及其佛像》（《辽金时代の建筑と其佛像》，竹岛卓一）1944年，因基本是从古籍中扫描而得到，存在不甚清晰的现象。辽塔各立面相似处较多，但造像、门窗变化较大，如将其全部内容出具，书籍的篇幅浩大，故本书选取具有代表性的数字立面图予以介绍。

8.补充

书中部分辽塔因正在维修等原因不能提供翔实数据，还有少量塔基发掘后回填无法获取数据，只对其名称、地点进行记录，有待今后进一步考察，未来获得更翔实的数据结果，作者将适时予以补充。书中可能有部分描述偏差，敬请读者指正！

目录

吉林地区

北京地区

天津地区

河北地区

内蒙古地区

山西地区

辽宁地区

十八里堡塔
八棱观塔
四官营子塔
大城子塔
黄花滩塔
东塔山塔
塔山塔
朝阳北塔
朝阳南塔
青峰塔
塔营子塔
大宝塔
磨石沟塔
辽滨塔
云接寺塔
高尔山塔
塔湾塔
崇兴寺双塔

永丰塔
白塔峪塔
铁岭白塔
妙峰寺北塔
妙峰寺南塔
辽阳白塔
香岩寺南塔
双塔寺双塔
广济寺塔
宝塔寺塔
无垢净光舍利塔
广胜寺塔
海城金塔
东平房塔
班吉塔
前卫歪塔
崇寿寺塔
八塔子塔

十八里堡塔

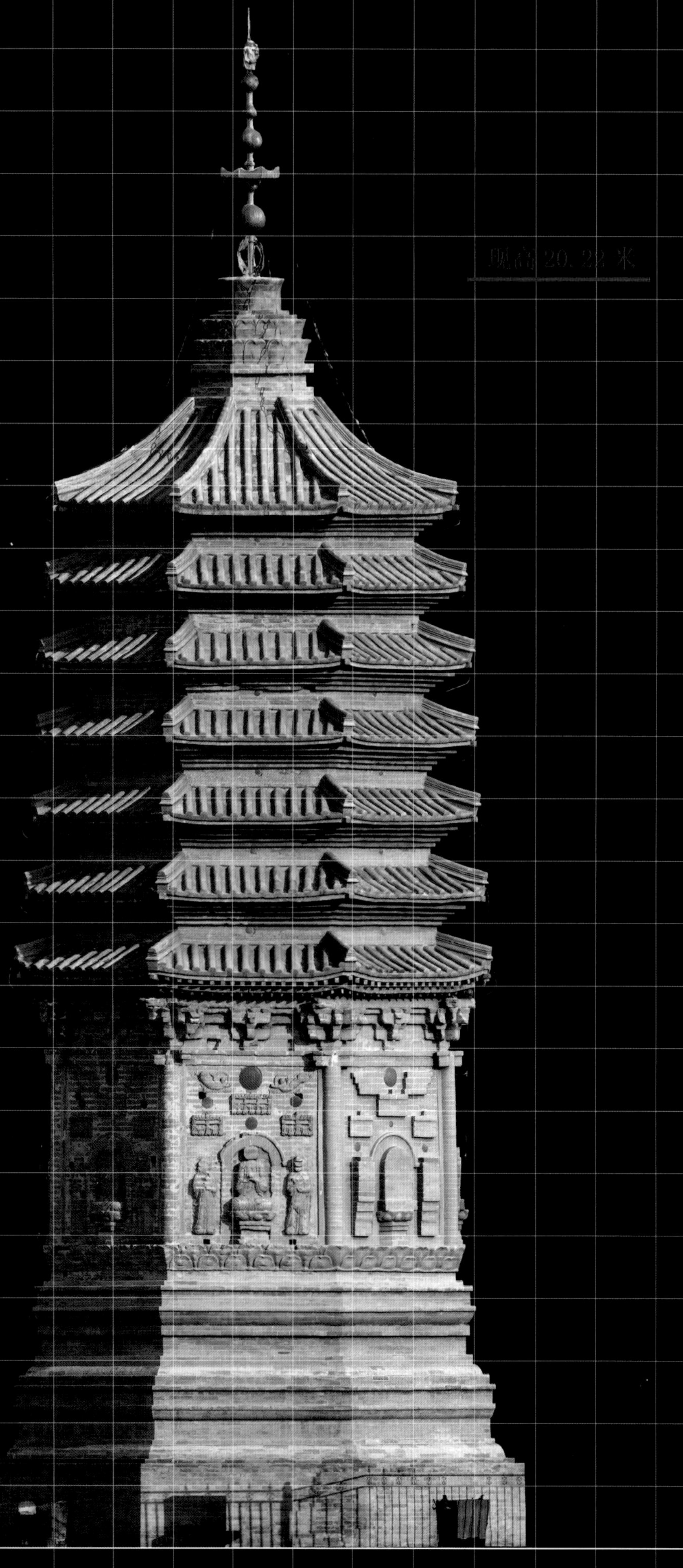

现高 20.22 米

比例尺：1 米

十八里堡塔为八角空心七层密檐砖塔，建造年代为辽太宗时期，位于辽宁省朝阳市凌源市凌河乡十五里堡村西十八里堡屯内，坐落在辽代榆州城址西方。塔坐标东经119°18′25.78″，北纬41°13′33.37″，朝向为南向，现高20.22米，为2014年第九批省级文物保护单位。塔通体为砖筑，后经修复，西北方向塔身原构件保存相对完好。

东北塔身人视图

东北转角铺作

西北无人机俯视图

西北塔身人视图

西北倚柱

塔基、塔台为后期维修时新建，承托原貌仰莲。塔身各面正中设券门，门内嵌有端坐于仰莲之上的砖雕菩萨像，其两侧各有一胁侍立像，雕像顶部为飞天、华盖，为八主尊、十六胁侍飞天构图，塔身转角处均设圆形倚柱，上施普拍枋，上部为仿木转角铺作，补间铺作一朵，为单抄四铺作，批竹耍头。塔身顶部为砖雕仿木铺作蜀柱，承接一层塔檐。各层塔檐为叠涩出挑，逐层内收。

南面塔身砖雕造像

南面砖雕华盖细部

北面人视图

西北塔身造像

西面塔身铺作

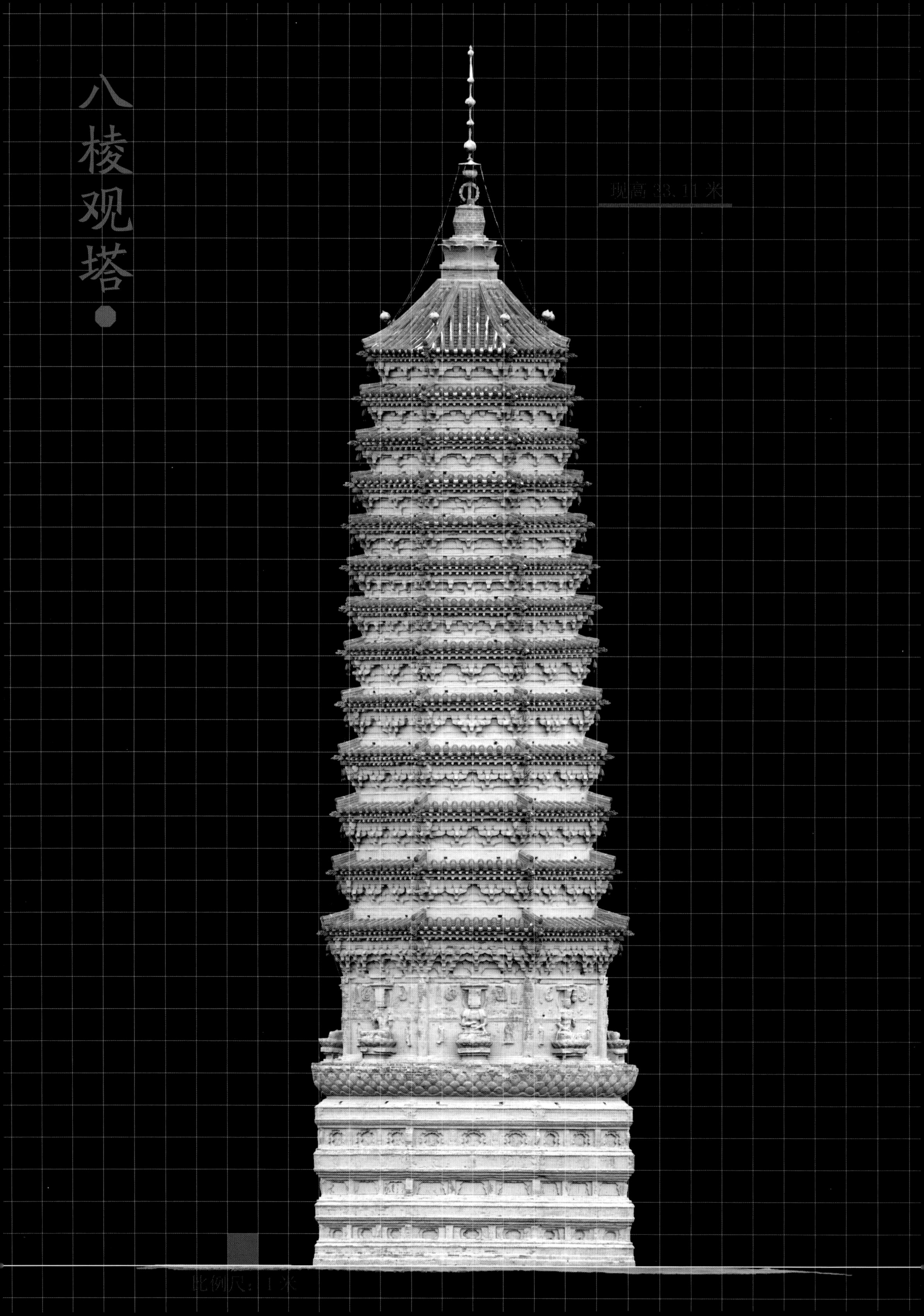
八棱观塔
现高 23.11 米
比例尺：1米

八棱观塔为八角实心十三层密檐砖塔，建造年代为辽圣宗时期，位于辽宁省朝阳市龙城区大平房镇八棱观村北山顶上，南邻大凌河与辽代建州城址隔河相望。塔坐标东经120°03′46.05″，北纬41°22′57.89″，朝向为南向，现高33.11米，为2013年全国第七批重点文物保护单位（编号：7-0923-3-221）。

塔通体为砖砌，2013年维修前保持着辽代原貌。

塔基以砖平铺直砌而成，塔台三层束腰构成，每层内设三间壶门，壶门内及两侧砖雕题材有雉凤、蟠龙、伎乐人和侍者。每层束腰上、下分别刻仰莲、覆莲和连珠图案。三层束腰每壶门间均雕有小型十三层佛塔，转角处各置一金刚力士。台顶为四层硕大砖雕仰莲，以承托塔身。

东北塔身

老照片*

东北塔基、塔台

西北无人机俯视图

西南塔身现状

塔身各面均设有内容丰富的砖雕造像，塔身正中砖雕坐佛一尊，趺坐于莲座之上，其上饰华盖。佛像左右两侧下部雕胁侍各一，中部设祥云，其上设飞天，飞天外侧各有十三层灵塔一座。

塔身转角设圆形倚柱，上承普拍枋，其上为仿木结构砖雕转角铺作，补间铺作三垛，为双抄五铺作。

东北二层塔檐铺作

东北塔台仰莲

东北壶门砖雕

塔身上部为十三层密檐，逐层内收。每层均有转角及补间铺作，二至六层为单抄四铺作，七层往上铺作形制特殊。铺作数随着每层高度的缩小而变化，基本规律为逐层递减。

东北角梁及风铎

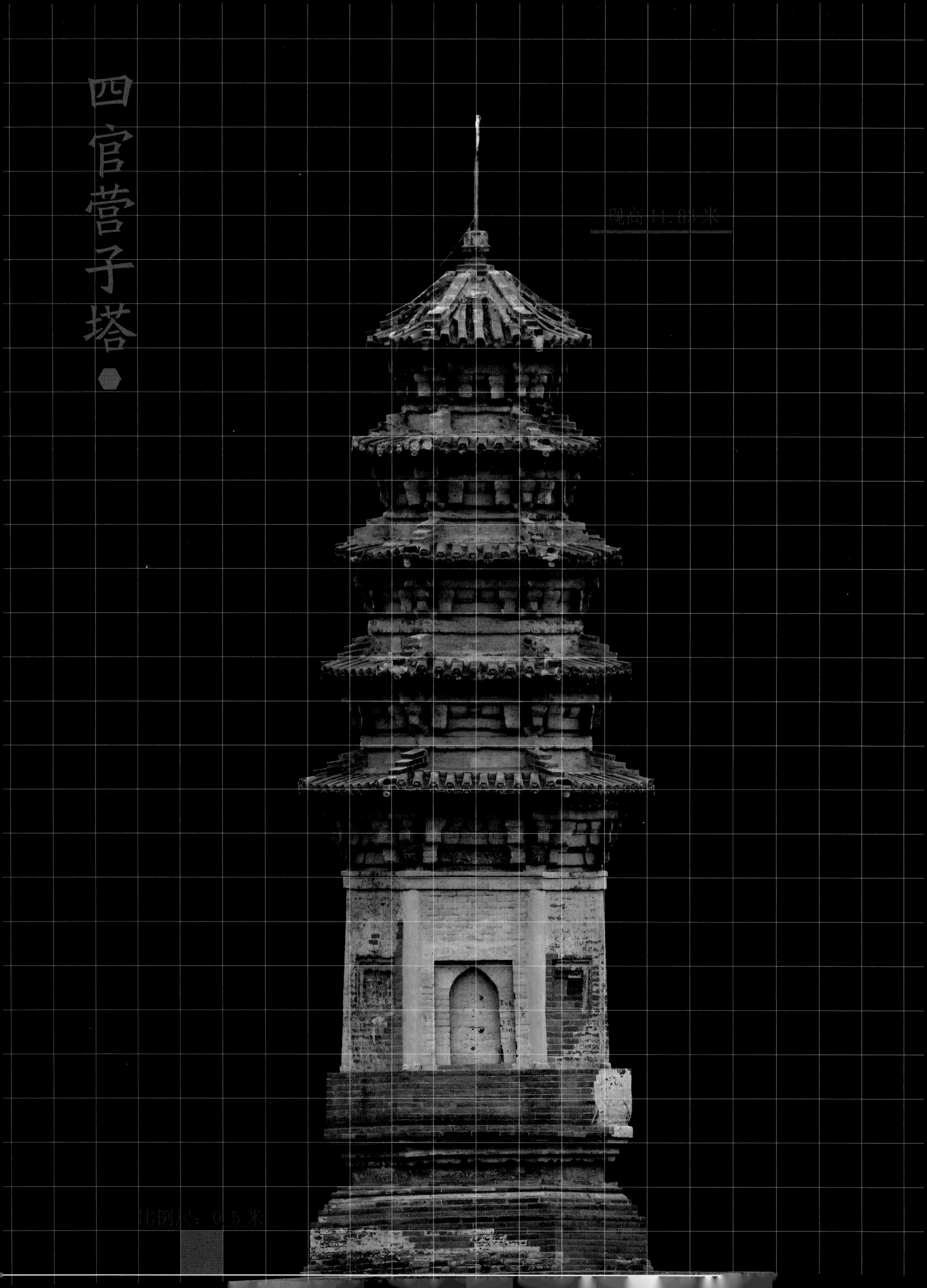
四官营子塔
现高 11.83 米
比例尺：0.5 米

东南无人机鸟瞰图

东南四层、五层塔檐

东南二层、三层塔檐

四官营子塔为六角实心五层密檐砖塔，建造年代为辽代，位于辽宁省朝阳市凌源市四官营子镇汤杖子村小塔子沟屯大黑山下山洼内。塔坐标东经119°24′44.50″，北纬41°04′37.03″，朝向为南向，现高11.83米，为辽宁省2007年第七批省级文物保护单位。塔通体为砖筑，1984年进行过维修。

塔基、塔台更新较多，塔身以上基本保持原貌。塔身南北面各设一券门，其他四面各设方形直棂窗。六角饰以半圆形倚柱，上承普拍枋，普拍枋上为仿木转角铺作，为双抄五铺作，无令栱、耍头。共五层密檐，逐层内收，檐下均设铺作层，二层及以上为斗口跳。各层檐顶部以砖代瓦，檐口以纹样代替勾头、滴水状，形制较为特殊。

东南一层塔身

大城子塔

东面塔台铺作及砖雕

大城子塔为八角空心八层楼阁与密檐结合式砖塔，始建于唐代宗时期（公元762-799年），辽兴宗重熙十四年（1045年）大修，金皇统五年（1145年）重修，1980年维修了塔基，1982年维修塔前灵官殿。位于辽宁省朝阳市喀喇沁左翼蒙古族自治县第一中学院内。塔坐标东经119°44′45.98″，北纬41°07′28.34″，朝向为南向，现高31.64米，为辽宁省1963年第一批省级文物保护单位。塔通体为砖筑，2012年进行过一次保护性修缮。

东北人视图

东北无人机俯视图

东北面塔檐

塔基底层为四层条石，上部为素砖包砌，塔台有两层束腰，下层束腰由蜀柱分成两段，其上雕有各种形态、内容的造像，每面转角处均由修复后的青砖包砌，上为仿木砖雕平座转角铺作，补间铺作二朵，为双抄五铺作，无令栱、耍头，每朵铺作之间栱眼壁雕花卉图案。砖雕铺作上部为上层束腰，每面均开三个壶门，门内各一只壶门兽探头而出，每只壶门兽的姿势、神态各不相同，此层束腰之上为一层仰莲的莲台，以承托上部塔身。

塔身八面，有两层楼阁。第一层塔身东南西北四面正中开一圆拱双扇券门，南面门可通往塔心室，另三面为双开扇假门，门两侧各置力士像一尊，其余四隅面各置两尊菩萨立像，各足立于一莲花座之上。塔身每面转角处均设圆形倚柱，上承普拍枋，普拍枋上为仿木转角铺作，补间铺作一朵，为单抄四铺作，批竹耍头。塔檐上筑平座承二层塔身，平座转角铺作一朵，补间铺作二朵，为双抄五铺作。二层塔身高度低于一层，其各面的砖雕形式、数量与一层塔身一致，唯四隅面的菩萨立像双足共立于同一连续莲花座之上。二层檐下各角置转角铺作一朵，补间铺作三朵，为单抄四铺作。

东北一层塔身

东北二层塔身

南面二层塔身

东南二层塔身

三层及以上为密檐形制，密檐共六层，逐层内收。每层仅以平座代替塔身，各层檐下均设铺作，三、四、五层檐下均置补间铺作一朵，为单抄四铺作，批竹耍头。六、七、八层檐下均置补间铺作二朵，为单抄四铺作。塔身南侧有一砖木结构的小阁，可以拾级而上，通往一层塔身南面券门。

东北塔台装饰

黄花滩塔
现高 33.83 米
比例尺：1 米

黄花滩塔为八角实心十三层密檐砖塔，建造年代为辽代，位于朝阳市龙城区大平房镇黄花滩村西塔山上。塔坐标东经120°06′54.47″，北纬41°26′38.66″，朝向为东南向，现高33.83米，为2013全国第七批重点文物保护单位（编号：7-0929-3-227）。塔通体为砖筑，于1938年曾有过一次修缮。

塔基之上设塔台，为双层束腰，每层各设两个壶门，内有造像，一层的内容为近代修复，二层保存有部分原貌。塔台上加双层仰莲的莲台，莲台之上为一层高大的塔身，南面置券门，券门可达塔心位置，雕有飞天、花台。其余七面皆砖雕站佛一尊立于莲台之上，上设华盖。塔身转角设圆形倚柱，上承普拍枋，其上为仿木砖雕转角铺作，补间铺作四垛，为双抄五铺作，批竹耍头。

密檐共十三层，二层及以上塔檐为密檐，逐层内收，做法均为砖叠涩挑出，上镶二至三面铜镜。

南面塔身仰视图

西南塔台壶门雕像

老照片 *

东南塔台仰莲

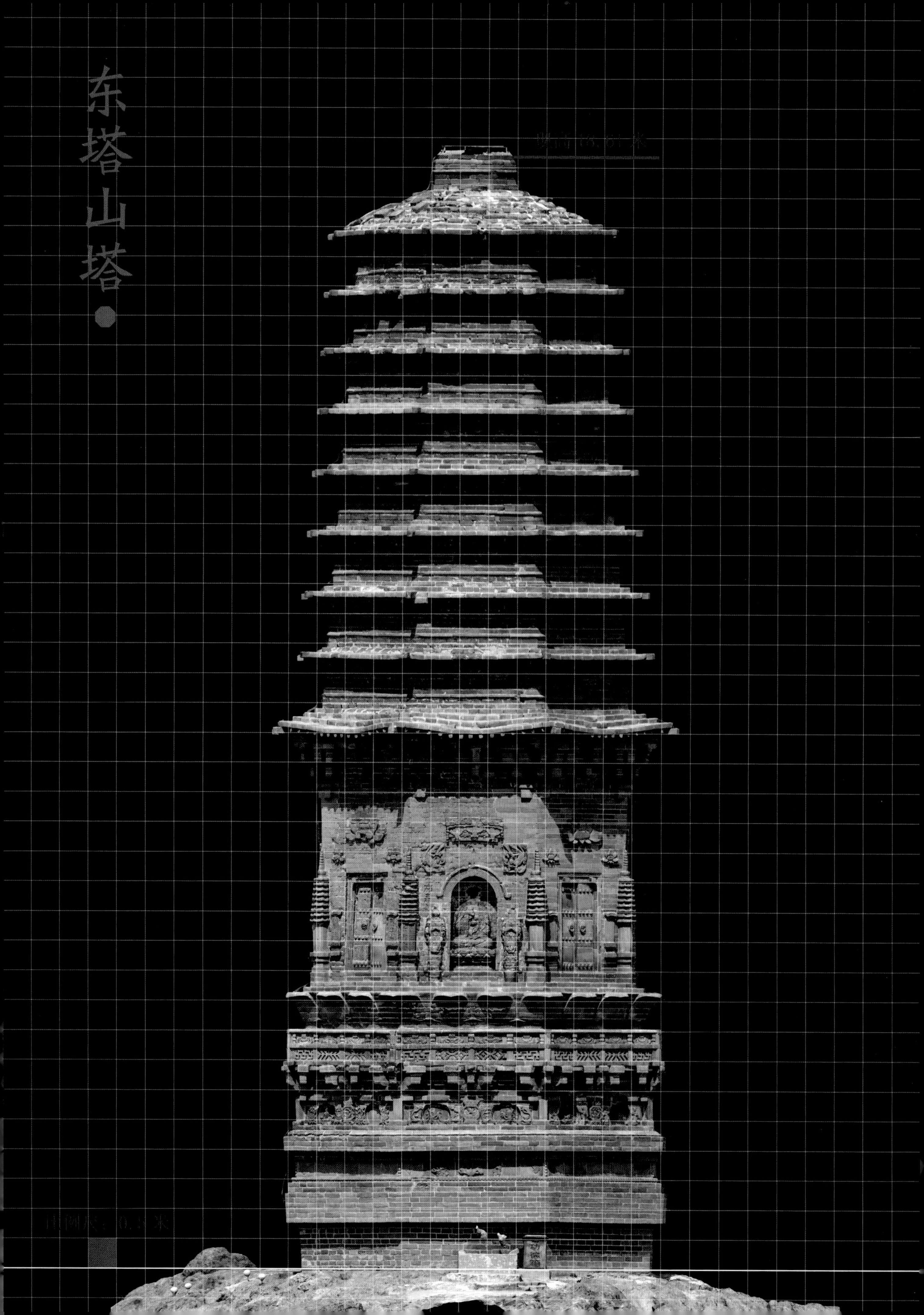
东塔山塔
现高16.61米

南面无人机俯视图

东塔山塔为八角空心九层密檐砖塔，建造年代为辽代中期，位于辽宁省阜新市阜新县十家子乡塔北村南4华里的塔山山顶上。塔坐标东经122°18′17.09″，北纬42°07′41.96″，朝向为南向，现高18.61米，为省级保护单位。该塔于2011年得到修缮。

塔基为近代修缮，素砖包砌。塔台有两层束腰，一层束腰留存少量原制花卉雕饰，其余大多为近代修缮。二层束腰各面均开两个壸门，门内砖雕乐舞人，门内两侧雕有花卉龙纹内容，门间以蜀柱相隔。束腰各角设方形倚柱，其上为仿木砖雕平座转角铺作，补间铺作一垛，为斗口跳。砖雕铺作上部为平座勾栏，其上部为一层仰莲的莲台，以承托塔身。

西南塔身人视图

塔身八面，东南西北四面中部设圆拱券门，门内一尊坐佛趺坐于莲台之上，门两侧各一立式胁侍，券门上部雕有一华盖，其两侧各一飞天。其余四隅面中部设双扇假门，西南面假门呈半开启状，门两侧各一塔铭，假门与塔铭上部均有一砖雕莲台，中部莲台稍大，两侧莲台较小。塔身转角处各一座九层灵塔，其塔刹上沿约至塔身三分之二处，上为普拍枋，其上为仿木砖雕转角铺作，补间铺作一垛，为双抄五铺作，无令栱、耍头。密檐共九层，逐层内收，二层以上为砖叠涩出檐。

南面塔台铺作

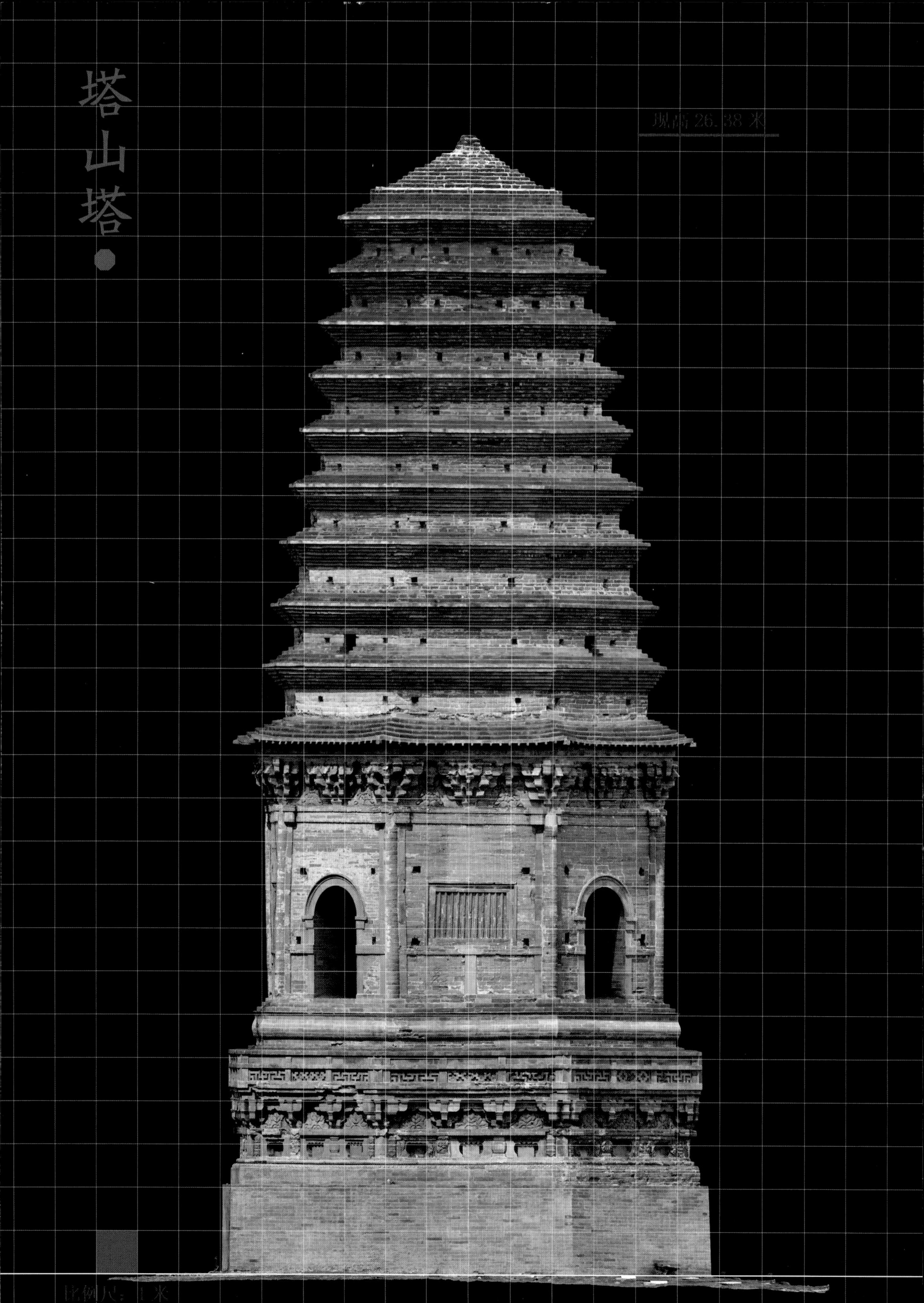
塔山塔
现高26.38米
比例尺：1米

塔山塔（又名红帽子塔）为八角空心十层密檐砖塔，建造年代为辽代中晚期，位于辽宁省阜新市蒙古族自治县红帽子乡境内。塔坐标东经121°25′00.62″，北纬42°09′32.48″，朝向为南向，现高26.38米，2013年列入全国重点文物保护单位（编号：7-0927-3-225 ）。此塔通体为砖筑，于2011年得到维修。

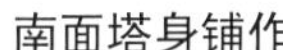

南面塔身铺作

东北塔台装饰

西面塔身券门看塔内砖塔柱

塔基绝大部分为近代修缮，素砖包砌，塔台中部有一层束腰，束腰各面均开壸门三个，门内砖雕有少量留存，门两侧雕有乐舞人，门间以蜀柱相隔。束腰各转角处均设方形倚柱，其上为仿木砖雕转角铺作，补间铺作二朵，为单抄四铺作，栱眼壁雕花卉图案。砖雕铺作上部为平座勾栏，其上部为近代维修后的莲台，以承托塔身。

塔身八面，东西南北四面设圆拱券门，通往塔心室，室内可见砖砌中心塔柱遗存。其余四隅壁面均设直棂假窗，此外别无装饰。塔身转角处设圆形倚柱，上承普拍枋，其上为仿木砖雕转角铺作，补间铺作一朵，为双抄五铺作。塔檐共十层，逐层内收，二层及以上以砖叠涩出檐。

西南无人机俯视图

朝阳北塔

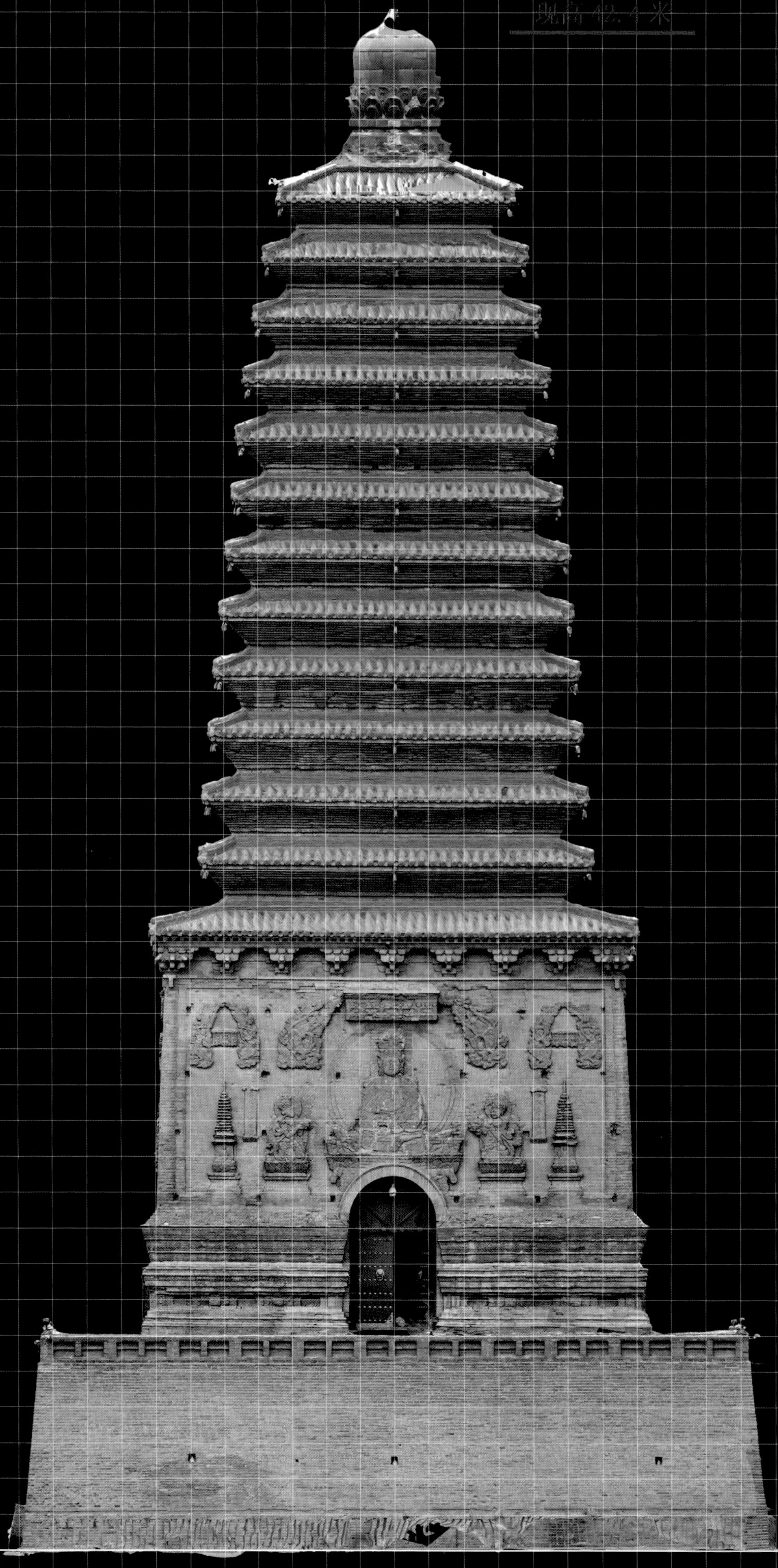

现高42.4米

比例尺：1米

老照片 *

北面人视图

朝阳北塔为方形空心十三层密檐砖塔，位于辽宁省朝阳市双塔区双塔街北端，与朝阳南塔相望。塔坐标东经120°27′22.89″，北纬41°34′45.38″，朝向为南向，现高42.4米，为1988年第三批全国重点文物保护单位（编号：88）。

初建年代为北魏时期，后经隋、唐、辽多次改建维修，具有“五世同堂”的悠久历史。辽重熙年间依据原形制包砌塔基与塔身，并将原十五层密檐改为十三层密檐，对塔的地宫、塔心室、天宫等也做了修整。

塔基为方形素砖包砌，整体略有收分，塔台上有一层束腰，每面均开六个壸门，壸门内为砖雕花饰，壸门之间以蜀柱相隔。南面中部开券门通往塔心室，其余三面中部各雕有一双扇版样式的假门。束腰上部为三层仰莲的莲台，莲台之上为数层砖叠砌，形成逐层内收的矮台，上承塔身。

西面塔身铺作

东面塔身雕饰

塔身为方形，四面均为砖雕一佛二胁侍二灵塔组合，正中一尊坐佛趺坐于莲台之上，坐佛左右两侧各一胁侍，最外侧对称设两座十三层灵塔，灵塔内侧均内嵌塔铭一块。坐佛与灵塔上方均设有华盖，华盖两侧各有一飞天。塔身转角处设圆形倚柱，上承普拍枋，其上为仿木结构砖雕转角铺作，补间铺作七朵，为单抄四铺作，批竹耍头。密檐共十三层，逐层内收，二层及以上以砖叠涩出檐。

塔台东北角柱

塔身西南角柱

西面假门细节

东面塔台壶门装饰

南面塔身雕刻

塔身转角铺作

朝阳南塔
现高48.63米
比例尺：1米

老照片 *

朝阳南塔为方形空心十三层密檐砖塔，建造年代为辽道宗大康二年（1076年），位于辽宁省朝阳市双塔区双塔街南口，与朝阳北塔遥相呼应。塔坐标东经120°27′11.87″，北纬41°34′22.75″，朝向为南向，现高48.63米，2019年被评为第八批全国重点文物保护单位（编号：8-0261-3-064）。

该塔通体为砖筑，原塔基和塔顶残破较严重，经20世纪八九十年代修复。

塔基为方形素砖包砌，整体略带收分，塔台上有两层束腰，每层各面均开五个壶门，门内为砖雕花饰，壶门之间以蜀柱相隔。束腰上部为三层仰莲的莲台，以承托塔身。

西南人视图

南面西段塔台及仰莲

东面塔身铺作

南面塔身

西北人视图

塔身为方形，南面正中设券门通向塔心室，其余三面为假门，门上方为砖雕华盖，华盖两侧各内嵌塔铭一块，各面两侧中下部均有许多不规则的方孔，四面无其他装饰内容，塔身转角设圆形倚柱，上承普拍枋，其上为仿木砖雕转角铺作，补间铺作九朵，为双抄五铺作，批竹要头。

密檐共十三层，逐层内收。二层及以上以砖叠涩出檐。

南面塔身铺作

南面一至三层塔檐

东南塔身铺作

西北塔台转角装饰

东南转角铺作

西面塔台砖雕

青峰塔
现高27.61米
比例尺：1米

东南无人机俯视图

西面塔身

青峰塔为方形空心十三层密檐砖塔，建造年代为辽代，位于辽宁省朝阳市朝阳县西五家子乡五十家子村西塔山。塔坐标东经120°32′46.80″，北纬41°19′28.33″，朝向为南向，现高27.61米，为2013年第七批全国重点文物保护单位（编号：7-0932-3-230）。青峰塔通体为砖筑。

塔基有两层束腰，下层束腰每面均开四个壸门，上层束腰各面均开三栏，栏内尚存有少量盆栽缠枝牡丹纹的雕饰，大部分塔基为后期修缮，多数为青砖包砌，仅存少量砖雕原物。其上为塔台，有两层束腰，下层束腰各面均开五个壸门，门内为砖雕乐舞人，门外雕有花卉、乐舞人等内容，门间以蜀柱相隔。上层束腰各面均开三个壸门，门内雕有壸门兽，门间以蜀柱相隔，束腰两端分别雕一力士像。塔台之上为两层仰莲的莲台，上承塔身。南面设有一前刹，前刹中部为一双开木质券门，可通往塔心室，券门两侧各雕有一力士像，开间转角处为圆形倚柱，上承普拍枋，其上为仿木砖雕转角铺作，补间铺作三朵，为双抄五铺作，批竹耍头。铺作之上为歇山顶，屋顶上檐几乎与莲台上沿持平。

西面塔台细部

南面塔身铺作仰视图

塔身为四面，各面均砖雕一佛二菩萨二灵塔组合，正中一尊坐佛趺坐于莲台之上，坐佛两侧均设一坐势胁侍于莲台之上，两胁侍外侧均雕一座十三层灵塔，坐佛与胁侍上方均雕有华盖一顶，坐佛华盖两侧各砖雕一飞天。塔身转角处设圆形倚柱，上承普拍枋，其上为仿木砖雕转角铺作，补间铺作三朵，为双抄五铺作。

塔檐十三层，逐层内收，二层以上以砖叠涩出檐。一层檐四角各置一风铎，二层及以上层檐下四角与各面中部均置一风铎。

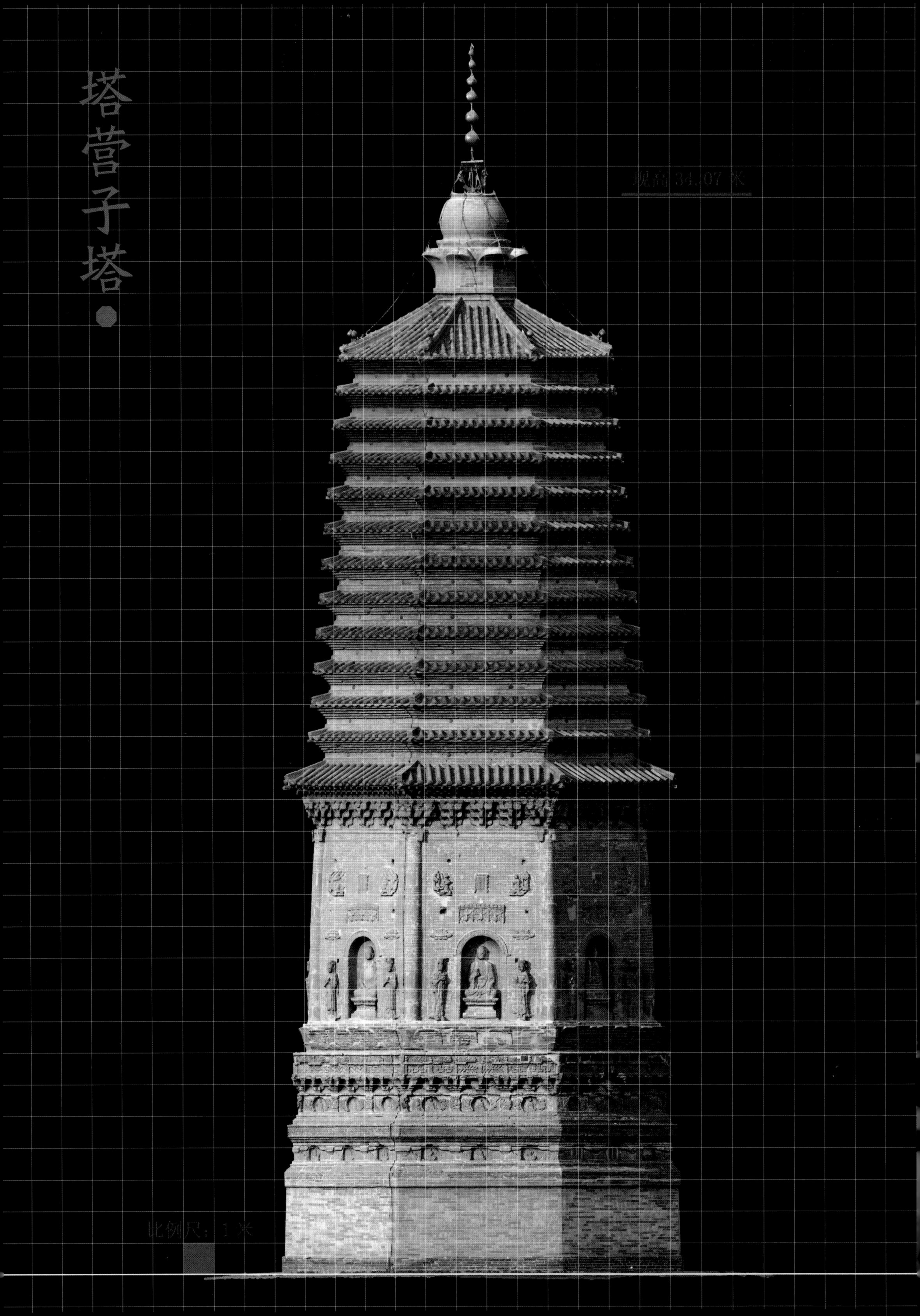
塔营子塔
现高 34.07 米
比例尺：1 米

维修前图（2009 年 8 月 30 日摄，郎智明先生提供）

南面人视图

塔营子塔为八角实心十三层密檐砖塔，建造年代为辽圣宗太平三年（1023年），位于辽宁省阜新市蒙古族自治县塔营子乡塔营子古城址内。塔坐标东经122°03′19.09″，北纬42°26′02.37″，朝向为南向，现高34.07米，2013年列入第七批全国重点文物保护单位（编号：7-0934-3-232）。

塔基为素砖包砌，塔台有两层束腰，下层束腰每面均设三个壶门，门内雕有乐舞人，门间以蜀柱相隔。二层束腰每面也均开三个壶门，门内雕有菩萨，壶门两侧雕有花卉图案，门间以蜀柱相隔。束腰各转角处均设一尊力士像，其上为仿木砖雕平座转角铺作，补间铺作五垛，为斗口跳。砖雕铺作上部为平座勾栏，其上部为一层仰莲的莲台，以承托塔身。

西北塔台装饰

东北无人机俯视图

西北塔身人视图

塔身八面，各面正中设圆拱券门，门内一尊坐佛趺坐于莲台之上，除北面券门两侧设天王像，其余各面门两侧各一立式胁侍，券门上部雕有一华盖，胁侍或天王像上方均雕一莲台。塔身八面的华盖上方均嵌佛名砖，佛名砖两侧均设一砖雕飞天，佛名砖上部均有一座浅浮雕三层密檐小塔。塔身转角处均设圆形倚柱，其上为仿木砖雕转角铺作，补间铺作三朵，为双抄五铺作，批竹耍头。密檐共十三层，逐层内收，二层以上以砖叠涩出檐。

塔檐

塔台铺作

西面塔身铺作

西北塔台细部

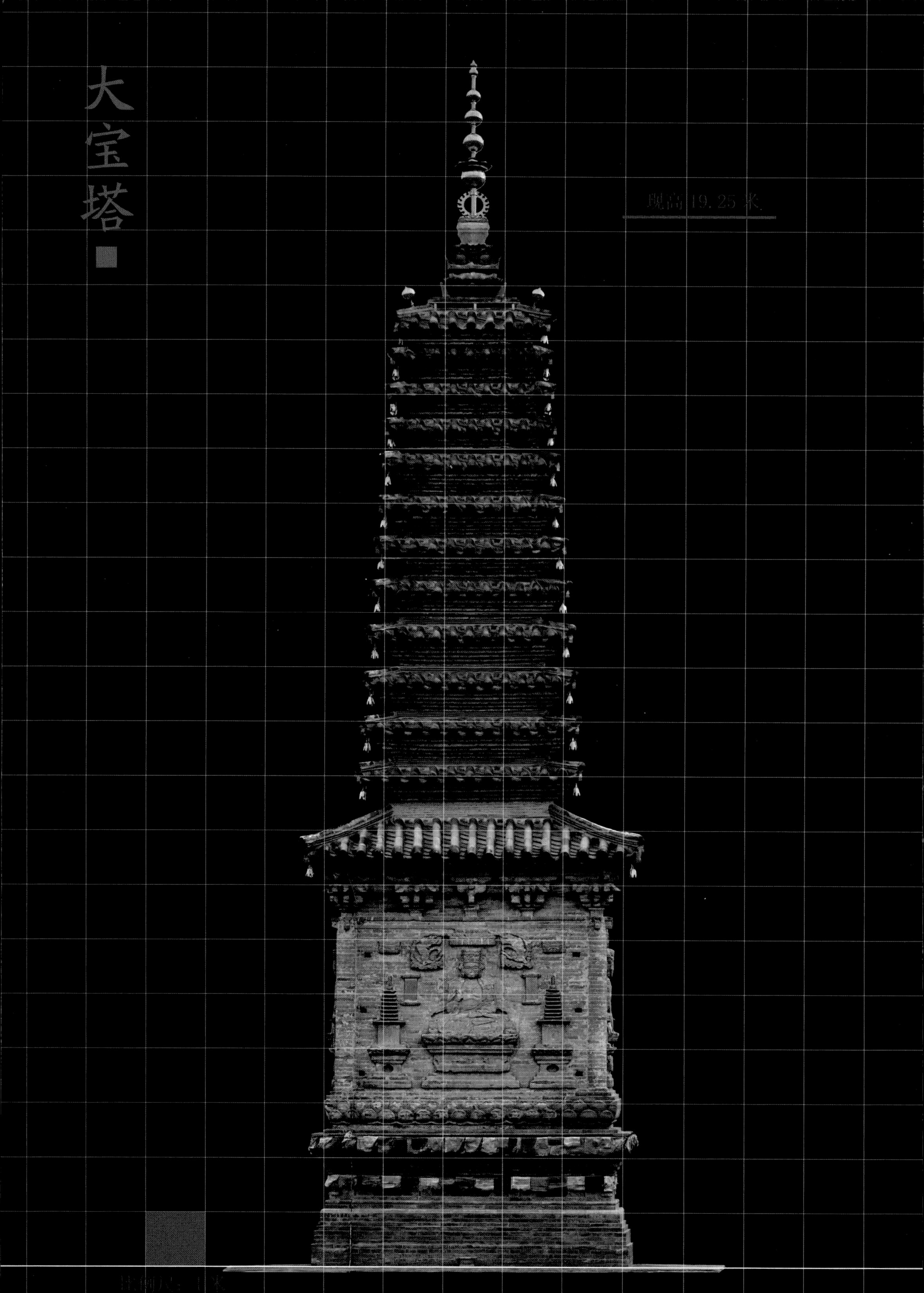
大宝塔
现高19.25米

老照片 *

北面塔身

大宝塔为方形空心十三层密檐砖塔，建造年代为辽代，位于朝阳市双塔区凌风街道八宝村，坐落在凤凰山北沟中部一隆起小丘顶上，塔坐标东经120°29′50.01″，北纬41°32′42.97″，朝向为南向，现高19.25米，2014年被评为第九批省级保护单位。大宝塔通体为砖筑，于2017年经过一次全面修缮。

塔基素砖包砌，大部分为现代修复，塔台中部有一层束腰，束腰每面开三个壶门，壶门内雕刻有花卉图案，壶门间以蜀柱相隔，南面中部开券门通往塔心室（现已封闭）。束腰上部为两层仰莲的莲台，莲台之上为三层砖叠砌，形成逐层内收的矮台，上承塔身。

塔身为方形，四面均砖雕一坐佛二灵塔的组合，正中一尊坐佛趺坐于莲台之上，坐佛两侧各一尊九层灵塔，灵塔内侧均内嵌塔铭一块。坐佛与灵塔上方均设有华盖，坐佛华盖两侧各一飞天。塔身转角处设圆形倚柱，上承普拍枋，其上为仿木砖雕转角铺作，补间铺作三朵，为单抄四铺作。密檐共十三层，逐层内收，二层以上以砖叠涩出檐。

南面塔身铺作

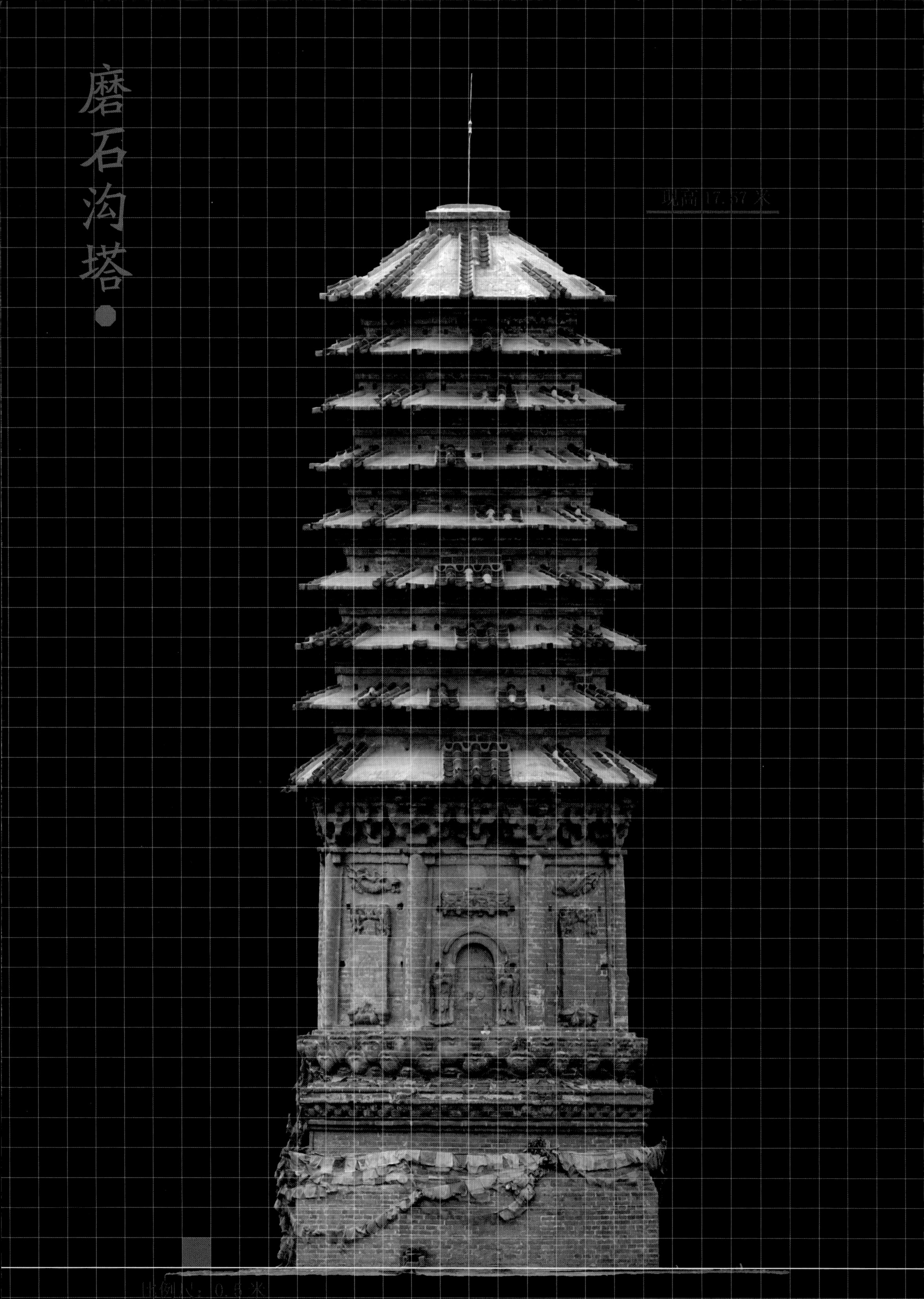

磨石沟塔
现高 17.57 米
比例尺：0.5 米

西南立塔身

西南人视图

南面塔身

磨石沟塔为八角实心九层密檐砖塔，始建于辽代，位于辽宁省兴城市红崖子乡二道边村磨石沟屯，塔坐标东经120°33′33.17″，北纬40°36′16.84″，朝向为南向，现高17.57米，2013年被列为第七批全国重点文物保护单位（编号：7-0931-3-229）。该塔通体为砖筑，1963年和1977年分别进行了两次修缮。

塔基为素砖包砌，塔台中部有一层束腰，砖雕原制已不存，束腰上部为两层仰莲的莲台，仰莲较小，上部为一带状雕饰，砖雕内容已不存。其上方为三层仰莲的莲台，仰莲较大，以承托上部塔身。

塔身八面，北面为修缮后的假窗，内无装饰，上有一华盖。东南西三面中部均雕有一双圆拱券门，门两侧各一立式胁侍，门上方有雕一华盖。其余四隅面均于中部雕石碑一座，龟趺式碑座，降龙浮雕碑首，碑上均刻有梵字真言。石碑上设一飞天砖雕。塔身各转角处均设一圆形倚柱，其上为仿木砖雕转角铺作，补间铺作一垛，为单抄四铺作。塔檐共九层，逐层内收，二层及以上均以砖叠涩出檐。

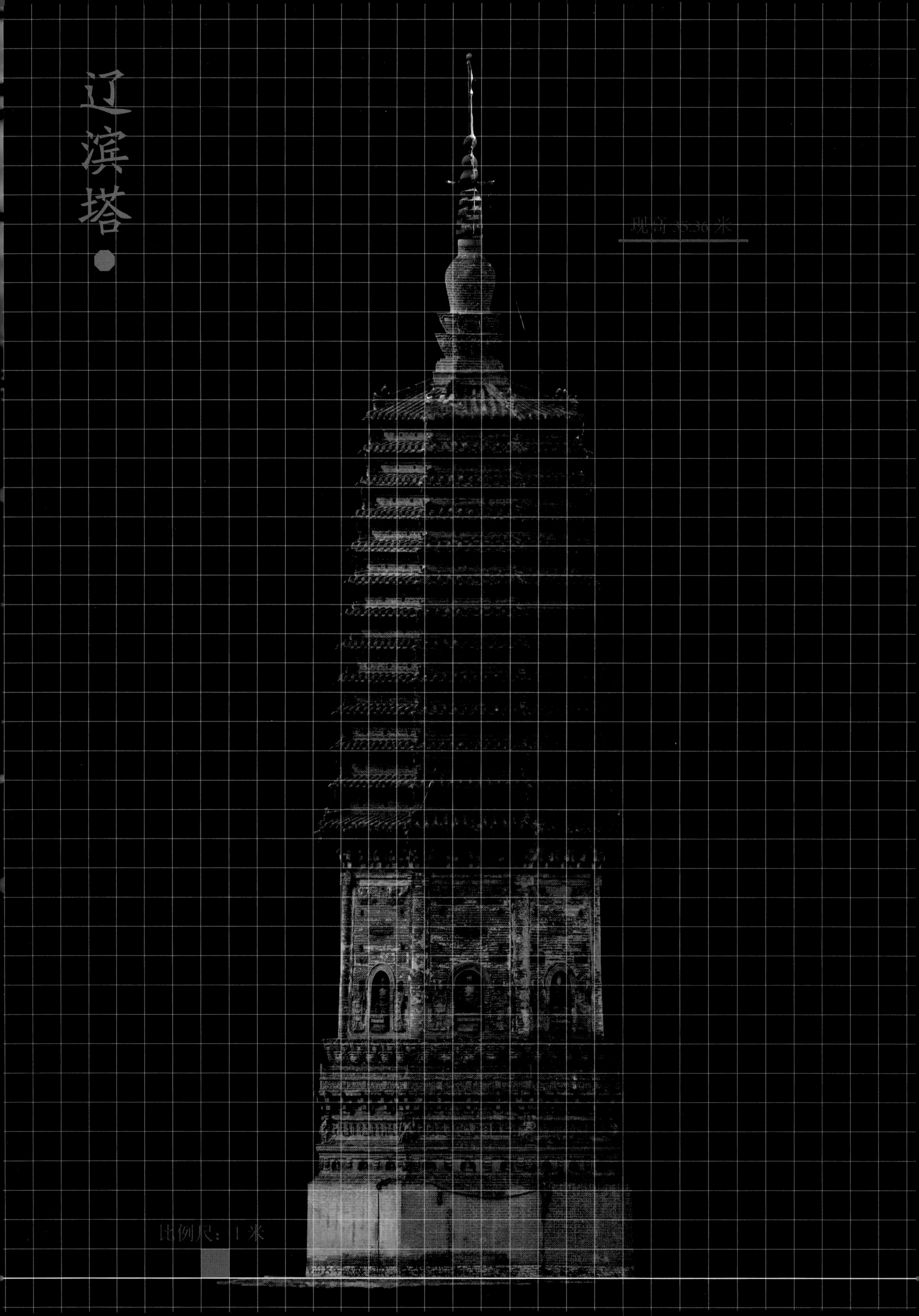
辽滨塔
现高 35.36 米
比例尺：1 米

辽滨塔为八角实心十三层密檐砖塔，建造年代为辽天祚天庆四年（1114 年），位于辽宁省新民市公主屯镇辽滨塔村。塔坐标东经 123°03′36.98″，北纬 42°08′03.74″，朝向为南向，现高 35.36 米，2003 年被列为省级重点文物保护单位。该塔通体为砖筑，1993 年进行过保护性修复。

塔基下部为素砖包砌，上部有一层束腰，束腰每面均开三个壶门，内有壶门兽，门间以蜀柱相隔，转角处均有一跪姿力士像。塔台中部有一层束腰，每面均雕有菩萨、乐舞人等内容，束腰转角处均设一立姿力士像，上施普拍枋，其上为仿木结构砖雕铺作，补间铺作三朵，为双抄五铺作，无令栱、耍头。平座砖雕铺作上部为平座勾栏，其上部为三层仰莲的莲台，以承托上部塔身。

塔身八面均为一佛二胁侍组合，每面正中设一圆拱券门，门内一坐佛趺坐于莲台之上，券门两侧各一立式胁侍。券门部上有一华盖砖雕，其上方两侧各设一飞天，两胁侍上方也有体量较小的华盖。塔身转角处均设圆形倚柱，上施普拍枋，上部为仿木结构砖雕铺作，补间铺作三朵，为双抄五铺作。塔檐共十三层，逐层内收，二层及以上均以砖叠涩出檐。

西南塔身转角铺作

西南塔台铺作、砖雕

东北无人机俯视图

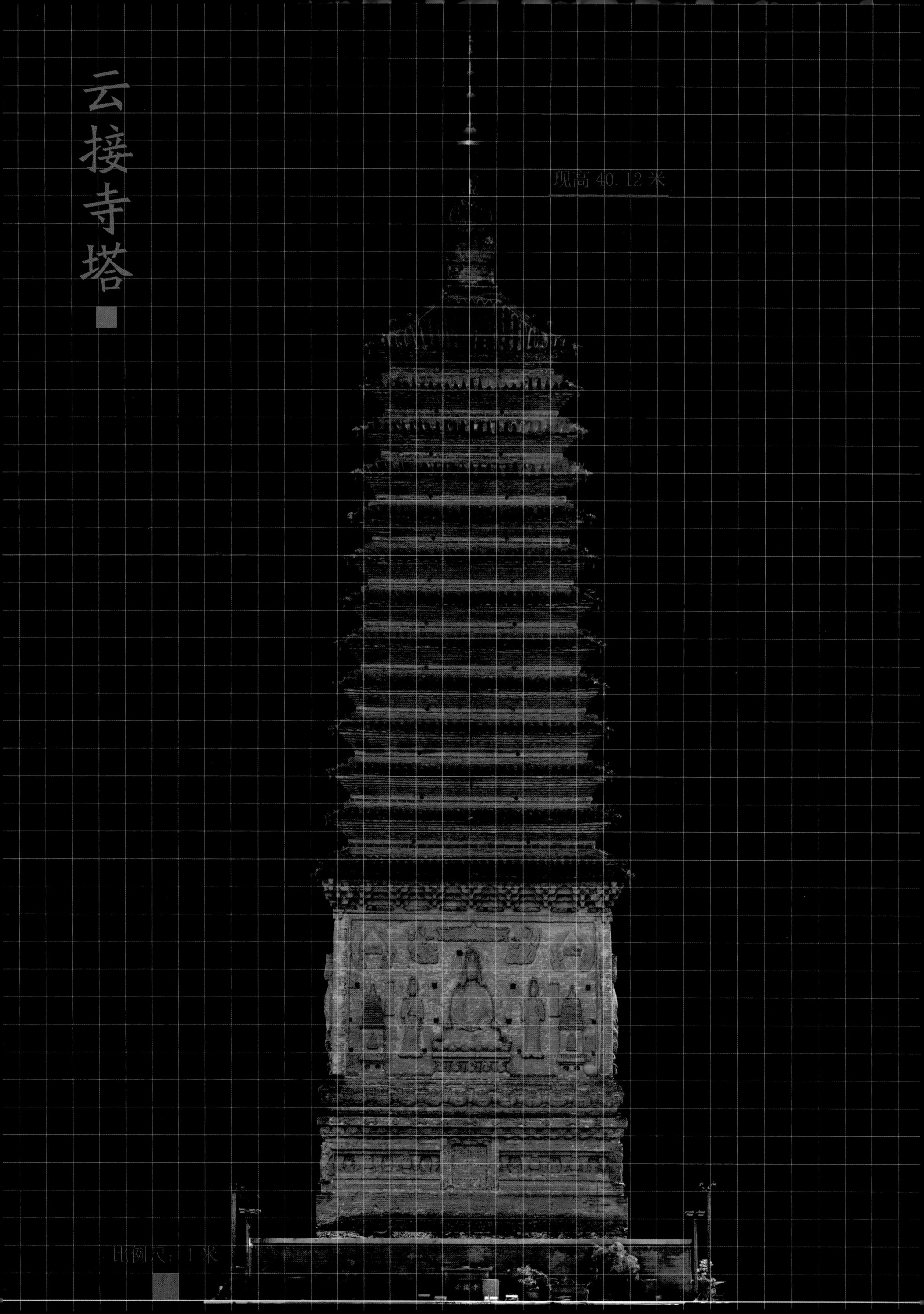
云接寺塔
现高 40.12 米
比例尺：1 米

南面塔身仰视图

云接寺塔（又名摩云塔）为方形实心十三层密檐砖塔，建造年代为辽代，位于辽宁省朝阳市城东南十五里凤凰山上云接寺内。塔坐标东经120°30′19.98″，北纬41°32′03.73″，朝向为南向，现高40.12米，2006年被国务院列入第六批全国重点文物保护单位（编号：Ⅲ－200）。

云接寺塔通体为砖筑，塔基为素砖包砌，塔台中部有一层束腰，束腰每面各开六个壸门，门内为砖雕乐舞人，壸门两侧砖雕童子、供炉等。壸门间以蜀柱隔开。各面中部均雕有一双扇版样式的假门。塔台上设双层仰莲，其间有法轮、金刚杵等法器带状装饰。莲台之上为三层砖叠砌，形成逐层内收的矮台，上承塔身。

塔身为方形，四面均砖雕一坐佛二灵塔的组合，正中一尊坐佛趺坐于莲台之上，坐佛两侧各一尊九层灵塔，灵塔内侧均内嵌塔铭一块。坐佛与灵塔上方均设有华盖，坐佛华盖两侧各一飞天。塔身转角处设圆形倚柱，上承普拍枋，其上为仿木砖雕转角铺作，补间铺作七朵，为双抄五铺作，转角铺作与相邻补间铺作作鸳鸯交首栱。

老照片＊

南面塔台细部

密檐共十三层，逐层内收，二层以上以砖叠涩出檐。每层塔檐中部均设多面铜镜，出檐四角均挂有风铎。

东南塔身仰视图

东面一层檐下铺作

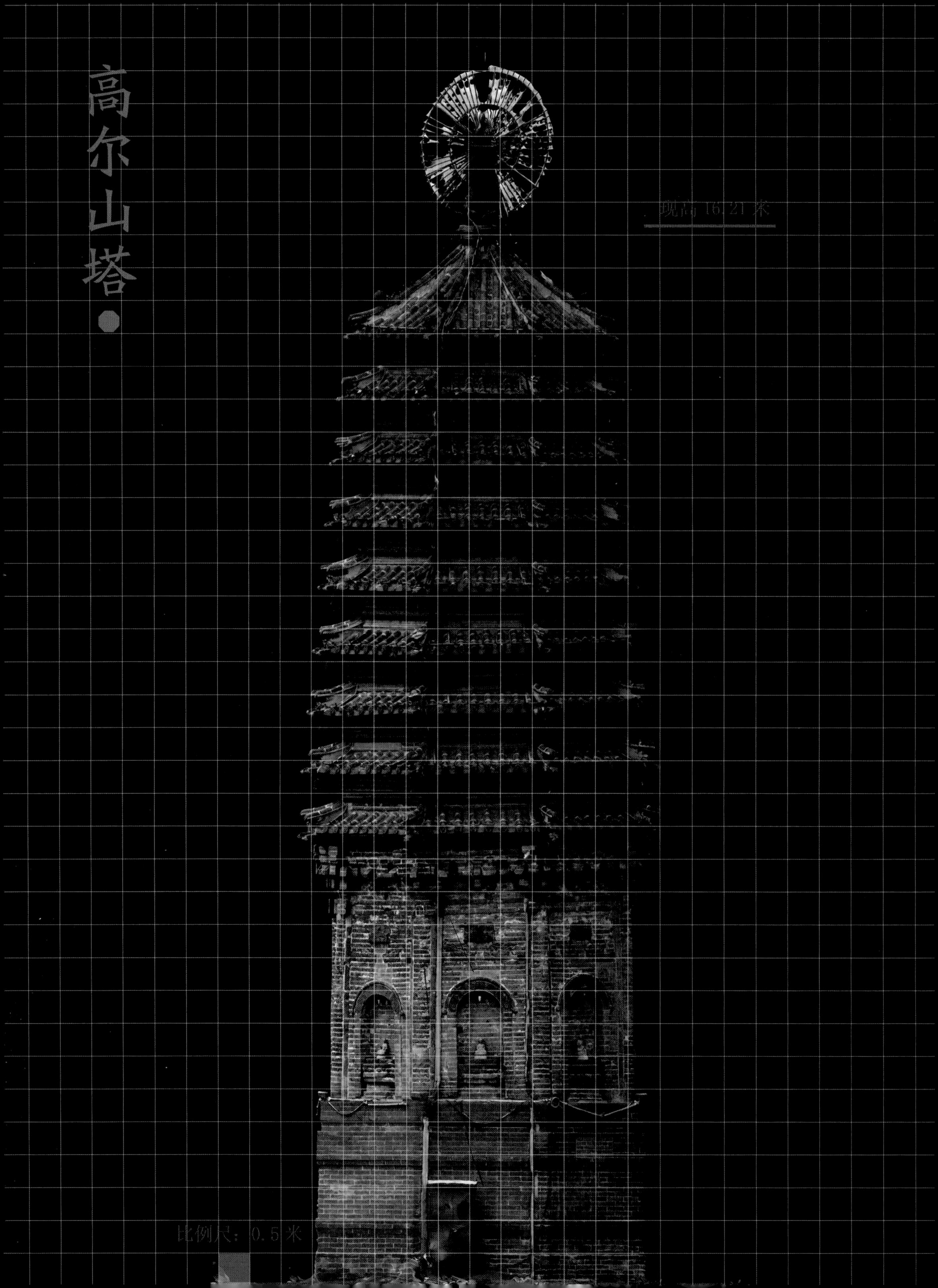
高尔山塔
现高16.21米
比例尺：0.5米

西南无人机俯视图

高尔山塔为八角实心九层密檐砖塔，建造年代为辽道宗大安四年（1088年），位于辽宁省抚顺市顺城区高山路高尔山公园，坐落在浑河北岸的高尔山西峰峭壁之上。塔坐标东经123°54′06.60″，北纬41°53′18.49″，朝向为南向，现高16.21米，为省级文物保护单位。该塔通体为砖筑，1928年与2007年均对其进行过保护性修复。

塔基、塔台为近代修复的素砖包砌，无束腰及雕饰内容。塔身八面中正均设一圆拱券门，门内坐佛已不存，仅余莲台。门正中上方为一华盖砖雕，其下部两侧各一飞天雕饰。塔身转角处均设圆形倚柱，上施普拍枋，上部为仿木结构砖雕铺作，补间铺作一朵，为单抄四铺作。塔檐共九层，逐层内收，二层及以上均以砖叠涩出檐。

北面塔身造像

西南塔身铺作仰视图

西南塔身图

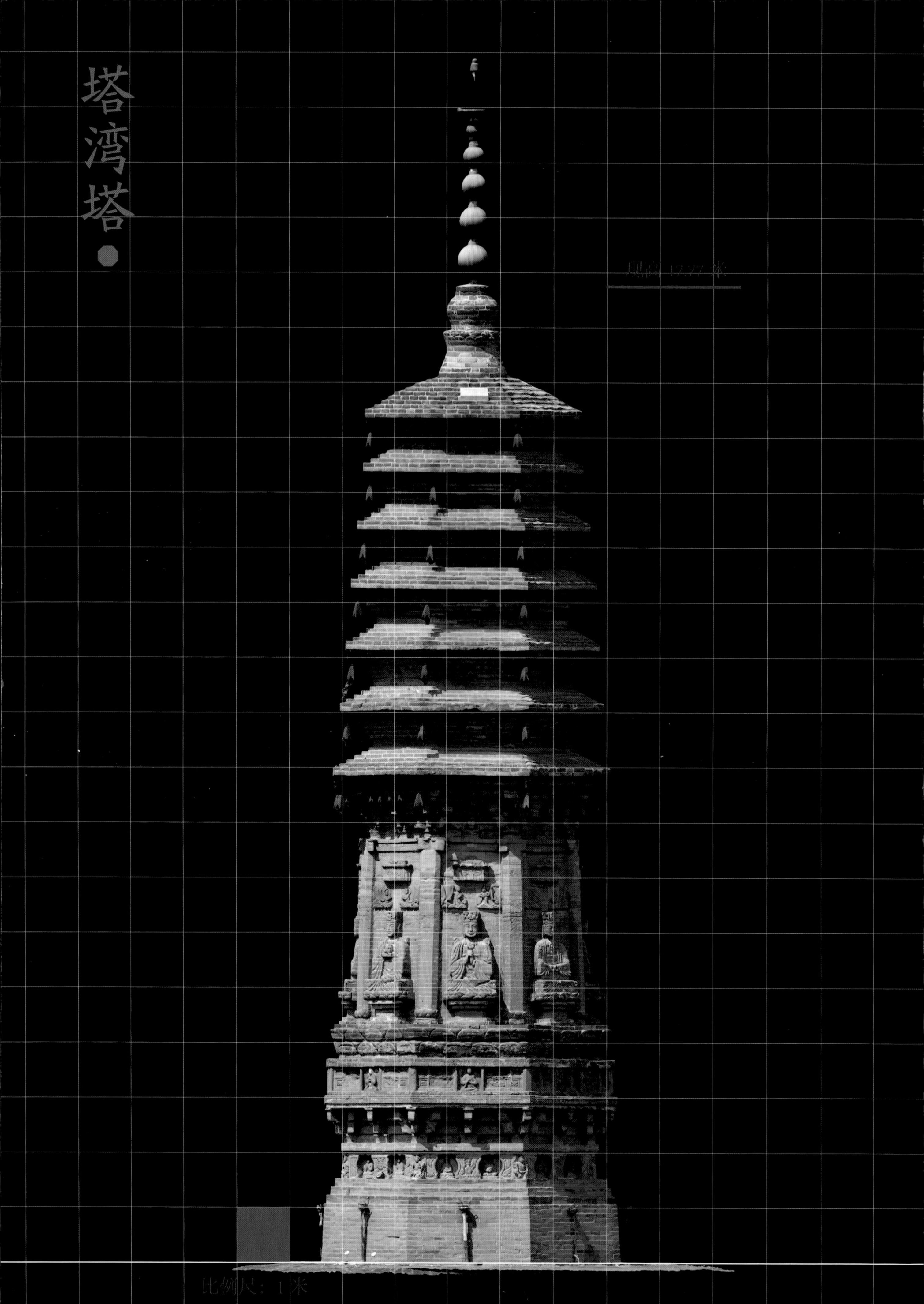
塔湾塔
现高 17.77 米
比例尺：1米

东北无人机俯视图

塔湾塔为八角实心七层密檐砖塔，建造年代为辽代晚期，位于辽宁省辽阳市辽阳县甜水乡满族乡塔湾村塔湾山。塔坐标东经123°33′46.70″，北纬40°58′22.60″，朝向为南向，现高17.77米，1988年被列为省级重点文物保护单位。该塔通体为砖筑，1984年与1998年均对此塔进行过维修。

塔基为素砖包砌，塔台有一层束腰，每面均开两个壶门，门内雕菩萨一尊，门外雕有花卉图案，束腰转角处均有力士像一尊，上施普拍枋，其上为仿木结构砖雕平座铺作，补间铺作一朵，为双抄五铺作，无令栱、耍头。砖雕铺作上部为平座勾栏，栏板正中雕有坐佛一尊，塔台最上部为两层仰莲的莲台，以承托上部塔身。

塔身八面均于正中有一坐佛趺坐于莲台之上，其上部为一华盖，其下部两侧各一飞天雕饰，此外别无装饰。塔身转角处均设八角形倚柱，其中五面藏于塔身，三面外露，设莲花座柱础。上施普拍枋，上部为仿木结构砖雕铺作，补间铺作三朵，为双抄五铺作，无令栱、耍头。塔檐共七层，逐层内收，二层及以上均以砖叠涩出檐。

西北塔台

西南塔身

崇兴寺双塔
东塔现高 38.98 米
西塔现高 38.73 米

老照片*

崇兴寺双塔均为八角实心十三层密檐砖塔，建造年代为辽代，位于辽宁省锦州市北镇市城内东北角的崇兴寺院内。东塔坐标东经121°47′43.03″，北纬41°36′14.43″，朝向为南向，现高38.93米，西塔坐标东经121°47′39.59″，北纬41°36′14.84″，现高38.73米，为1988年第三批全国重点文物保护单位（编号：99）。双塔通体为砖筑。

东塔北面塔身

双塔形制相近，其差异主要体现于各段高度及细部装饰上。

双塔均具有以下内容：塔基为素砖包砌，塔台有两层束腰，下层束腰每面三个壶门，内有一只壶门兽探身于外，壶门间有花卉浅浮雕图案，配以坐斗，上部为三层仰莲的莲台。上层束腰底部为一层莲瓣的覆莲，每面均开三个壶门，门内及两侧雕有内容丰富的坐佛及乐舞人，壶门间以蜀柱相隔，束腰转角处均有一蟠龙倚柱，其两侧各一力士像，上施普拍枋，上方为仿木砖雕转角铺作，补间铺作三朵，为双抄五铺作，无令栱、耍头，上部为平座勾栏，装饰内容繁多。塔台最上部为四层仰莲的莲台。

西塔西南塔身造像

东塔西面塔台

塔身八面均于正中开一圆拱券门，门内一背承圆光的坐佛趺坐于莲台之上，券门两侧各一背承圆光的胁侍，券门与胁侍上方均有一华盖砖雕，华盖上方两侧各一飞天雕饰。塔身转角处均设圆形倚柱，上施普拍枋，上部为仿木结构砖雕铺作，补间铺作三朵，为双抄五铺作，每面塔身均嵌有四面铜镜。

西南无人机俯视图

西塔南面塔身

西塔西北塔檐

塔檐十三层，逐层内收，二层及以上以砖叠涩出檐，二至六层塔檐每面均设两面铜镜，七至十三层塔檐每面均设三面铜镜。

西塔西北塔台铺作

东塔西南塔身铺作仰视

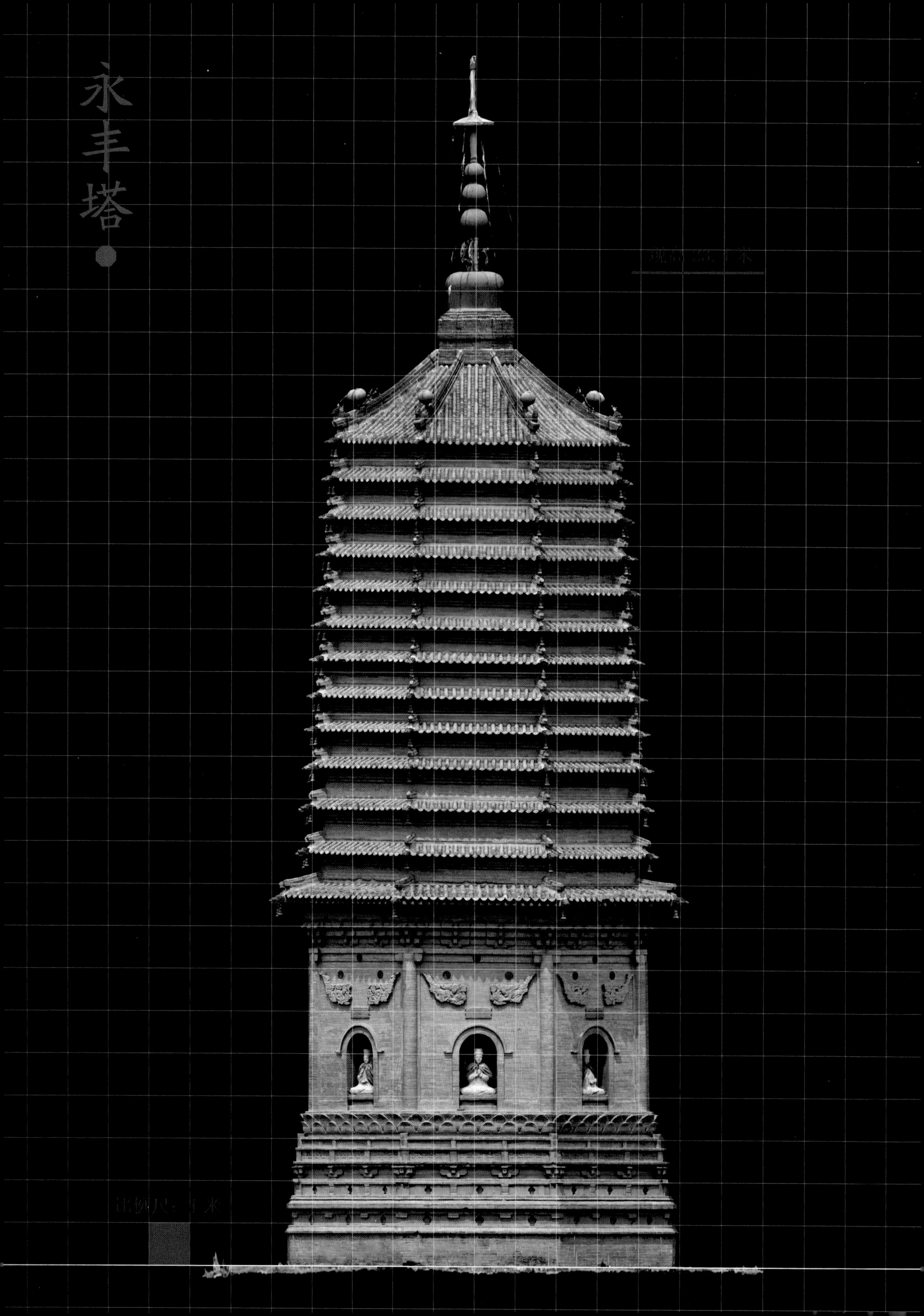
永丰塔
比例尺：1米

东南无人机俯视图

东南转角铺作

永丰塔为八角实心十三层密檐砖塔，该塔始建于唐代，改建于辽兴宗重熙十三年（1044年），现塔为近代维修，位于辽宁省瓦房店市复州古城东南永丰村，坐落在永丰寺东侧。塔坐标东经121°42′46.57″，北纬39°43′52.42″，朝向为南向，现高23.4米，2003年被列入省级重点文物保护单位。该塔通体为砖筑，塔基下部为素砖包砌，上部有一层束腰，每面均开三个壶门，壶门内砖雕原制已不存。

塔台有一层束腰，每面均开三个壶门，门间以蜀柱相隔，转角处均设方形倚柱，其上为仿木结构砖雕平座铺作，补间铺作二朵，为斗口跳。砖雕铺作上部为平座勾栏。塔台最上部为两层仰莲的莲台，以承托上部塔身。

塔身八面均于开圆拱券门，门内有一近代修复的坐佛趺坐于莲台之上，上部为一华盖，其上方两侧各一飞天雕饰，每面上部镶有三铜镜，此外别无装饰。塔身转角处均设圆形倚柱，上施普拍枋，上部为仿木结构砖雕铺作，补间铺作二朵，为双抄五铺作，批竹耍头。塔檐共三十层，逐层内收，二层及以上均以砖叠涩出檐。

东南塔身人视图

南面塔台仰莲

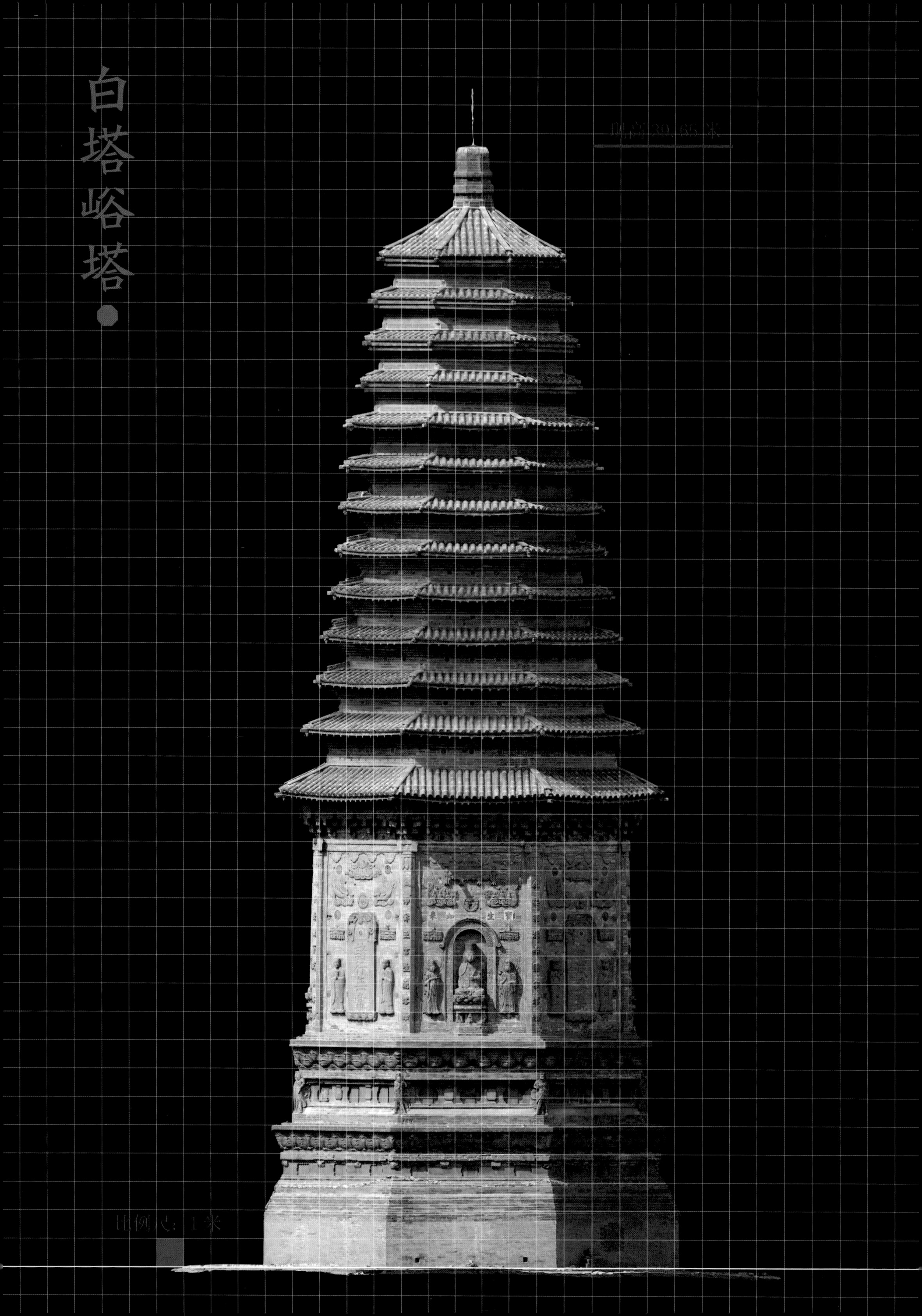
白塔峪塔
30.65米
比例尺：1米

白塔峪塔为八角实心十三层密檐砖塔，建造年代为辽道宗大安八年（1092年），位于辽宁省兴城市白塔乡塔沟村九龙山南。塔坐标东经120°37′17.21″，北纬40°42′47.43″，朝向为南向，现高39.65米，2013年列入第七批全国重点文物保护单位（编号：7-0924-3-222）。

该塔通体为砖筑，于1978年和2012年进行了两次大规模的保护性修缮。

塔基为近代修复，素砖包砌。塔台之上有两层束腰，下层束腰每面均开三个壸门，门内砖雕已不存在，壸门间以蜀柱相隔，其上为五层仰莲的莲台。莲台之上为二层束腰，每面均开三个壸门，门内砖雕乐舞人，壸门间以蜀柱相隔，束腰转角处雕有一尊力士像，束腰之上为五层仰莲的莲台，莲台之上为砖叠砌四层内收矮台，上承塔身。

塔身八面，东南西北四正面均为一佛二胁侍三伞盖两飞天组合形式，正中圆拱券门内有一尊坐佛趺坐于莲台之上，有三瑞兽承托上部。

西北塔基、塔台仰视图

东南塔身铺作

西南无人机俯视图

南面塔身造像

门两侧各一立式胁侍，壶门上方两侧雕有佛号，券门正上方有一圆形仰莲砖雕，其两侧各一飞天砖雕，其飞天造型较奇特，有别于传统飞天，为祥云之上各雕五尊小佛，最上部则雕有一华盖，两胁侍上方也各雕有一较小华盖，华盖上方雕有四朵如意云纹。

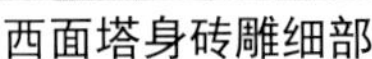
西面塔身砖雕细部

西面塔台砖雕细部

其余隅面正中为一砖筑石碑，石碑下部有莲台承托，石碑上部为蟠龙碑首，中部雕有梵文，四面石碑上各刻有佛偈。其两侧各一立式胁侍，石碑正上方有一圆形仰莲砖雕，其两侧各一飞天砖雕，此飞天为传统形式。最上部则雕有一华盖，两胁侍上方也各雕有一较小华盖。塔身每面转角处均设有八角形倚柱，其中五面藏于塔身中，只余三面外露，正中一面上雕有佛塔命名号，柱头处有蜀柱雕饰。倚柱上方为仿木砖雕转角铺作，补间铺作四垛，为双抄五铺作，转角铺作与相邻补间铺作以鸳鸯交首栱相连。

密檐共十三层，逐层内收，二层以上以砖叠涩出檐。

南面人视图

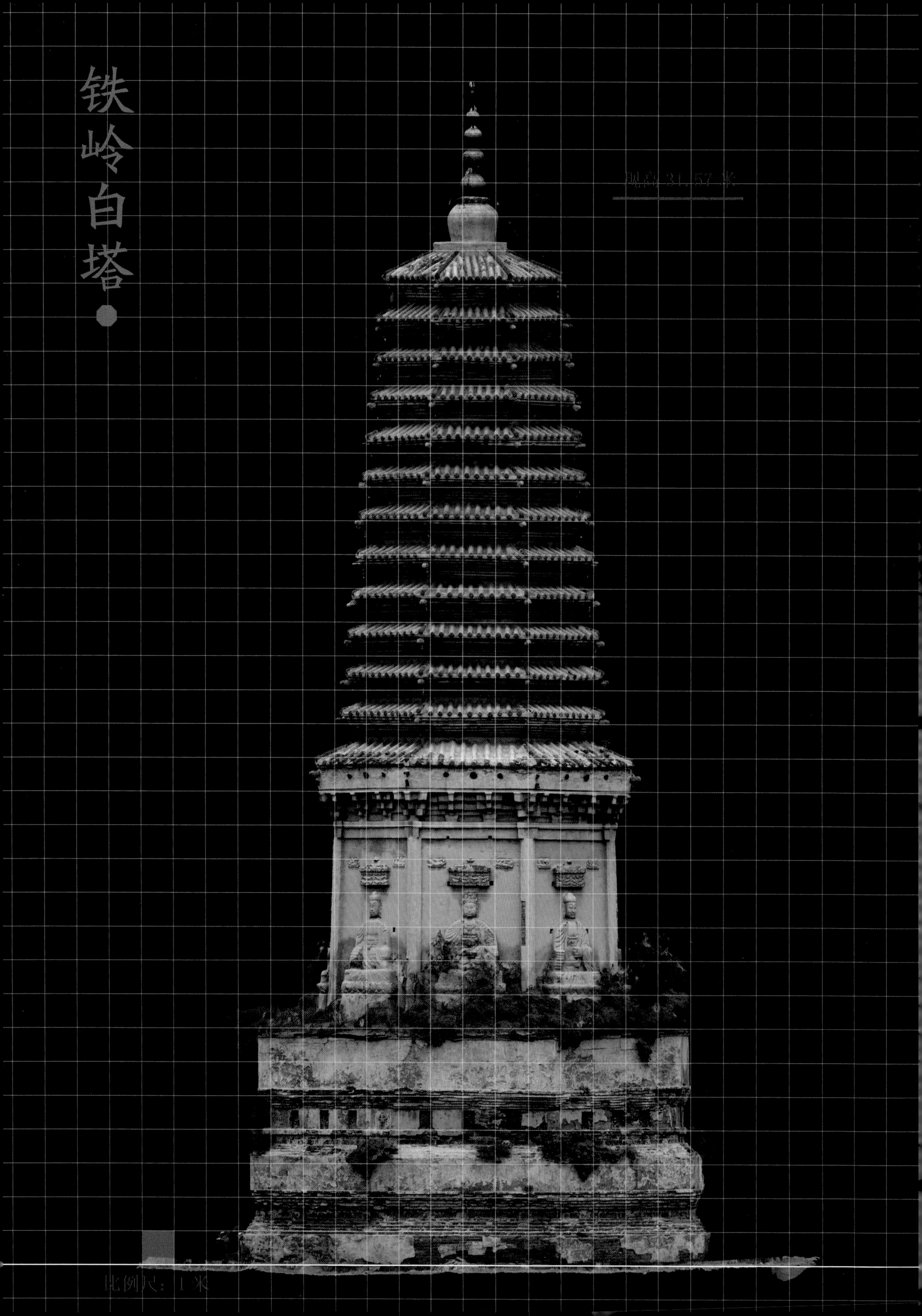
铁岭白塔
现高 31.57 米
比例尺：1 米

东南无人机俯视图

西北塔身

铁岭白塔为八角实心十三层密檐砖塔，建造年代为辽代，位于辽宁省铁岭市银州区广裕街与北市路交叉路，古铁岭城西北隅。塔坐标东经123°50′44.20″，北纬42°18′10.36″，朝向为南向，现高31.57米，该塔于2008年被评为省级文物保护单位。塔通体为砖筑，1987年经过一次大规模维修。

塔基为素砖包砌，塔台有两层束腰，一层束腰以砖叠涩内收及出挑，束腰之上无砖雕内容；二层束腰每面均雕两字样，八面字样合起来即为“风调雨顺，国泰民安”。每面字样右侧均雕有花卉图案。铁岭白塔的塔基与塔台部分较为宽大。

塔身八面均为一佛一华盖二飞天的组合，正中一坐佛趺坐于莲台之上，其上方有一华盖，华盖两侧各一飞天雕饰。塔身转角处均设八角倚柱，五面藏于塔身内，有三面外露，上施普拍枋，其上为仿木结构砖雕铺作，补间铺作二朵，为双抄五铺作，无令栱、耍头。塔檐共十三层，一层檐部形制特殊，二层及以上均以砖叠涩出檐，逐层内收。

东面铺作

老照片＊

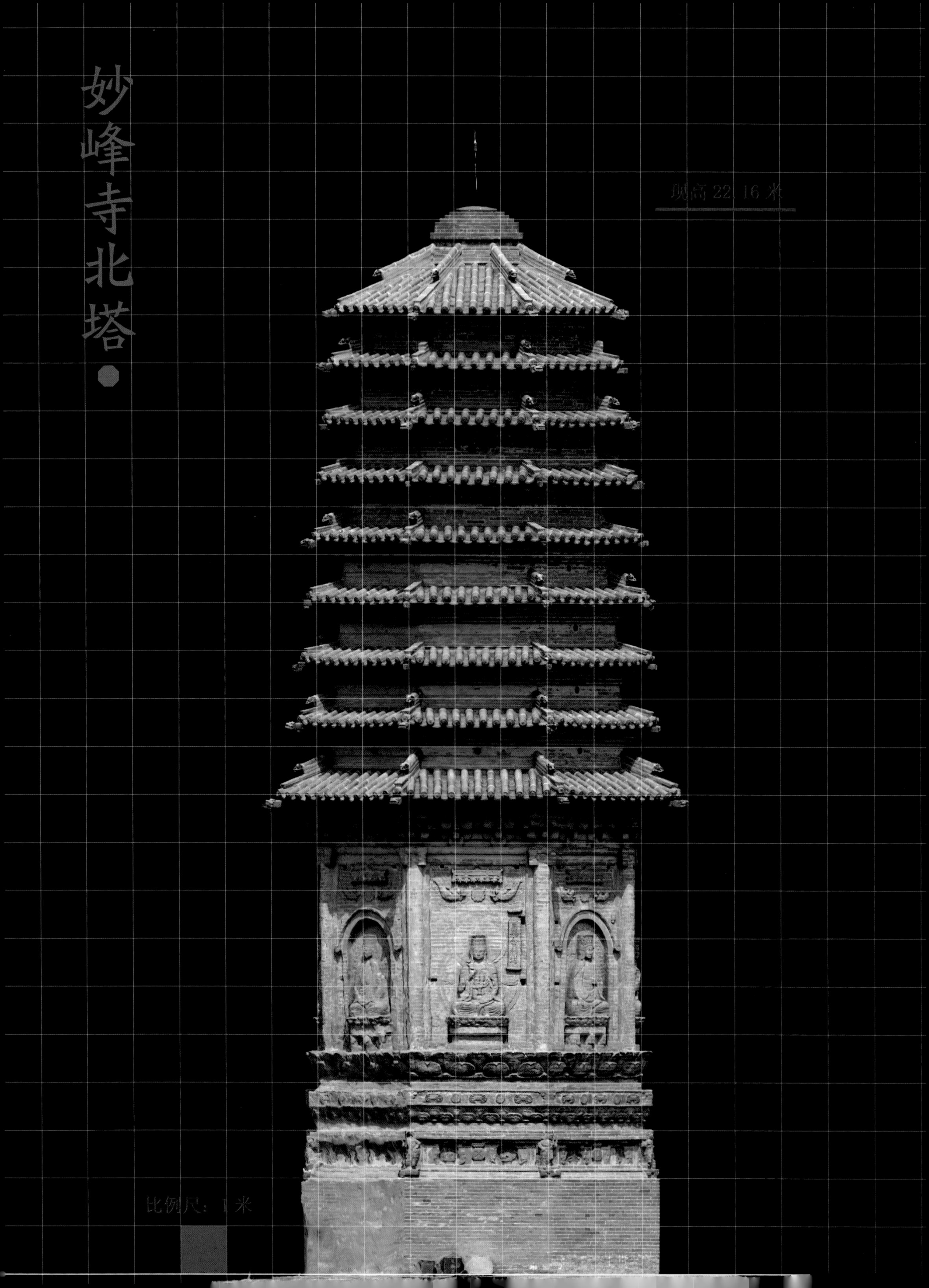
妙峰寺北塔
现高 22.16 米
比例尺：1 米

双塔东面无人机俯视图

妙峰寺北塔为八角实心九层密檐砖塔，建造年代为辽天祚乾统年间（1101-1110年），位于辽宁省葫芦岛市绥中县永安堡乡塔子沟村，塔坐标东经119°49′52.83″，北纬40°17′53.83″，朝向为南向，现高22.16米，该塔为2013年全国第七批重点文物保护单位（编号：7-0936-3-234）。妙峰寺北塔通体为砖筑。

塔基为素砖包砌，塔台有一层束腰，每面均开两个壶门，门内砖雕乐舞人，门外两侧各一尊力士像，门间以蜀柱相隔。塔台上设双层莲台上承塔身，下层为两层仰莲，上层为三层仰莲，其间有法轮、金刚杵等法器带状装饰。

塔身东南西北四面正中一背承圆光的坐佛趺坐于莲台之上，其正上方为一圆形莲花雕饰，两侧各一飞天，上部为华盖。坐佛右侧内嵌一塔铭，上书灵塔名称。其余四隅面正中均开圆拱券门，门内一背承圆光坐佛趺坐于莲台之上，其正上方为一圆形莲花雕饰，两侧各一飞天。圆形雕饰上部为华盖。塔身转角处均设圆形倚柱，上施普拍枋，其上为仿木转角铺作，补间铺作二垛，为单抄四铺作。密檐共九层，逐层内收，二层及以上为砖叠涩出檐，塔檐各面间或于正中镶嵌铜镜一面。

南面塔身铺作

东南塔身仰视图

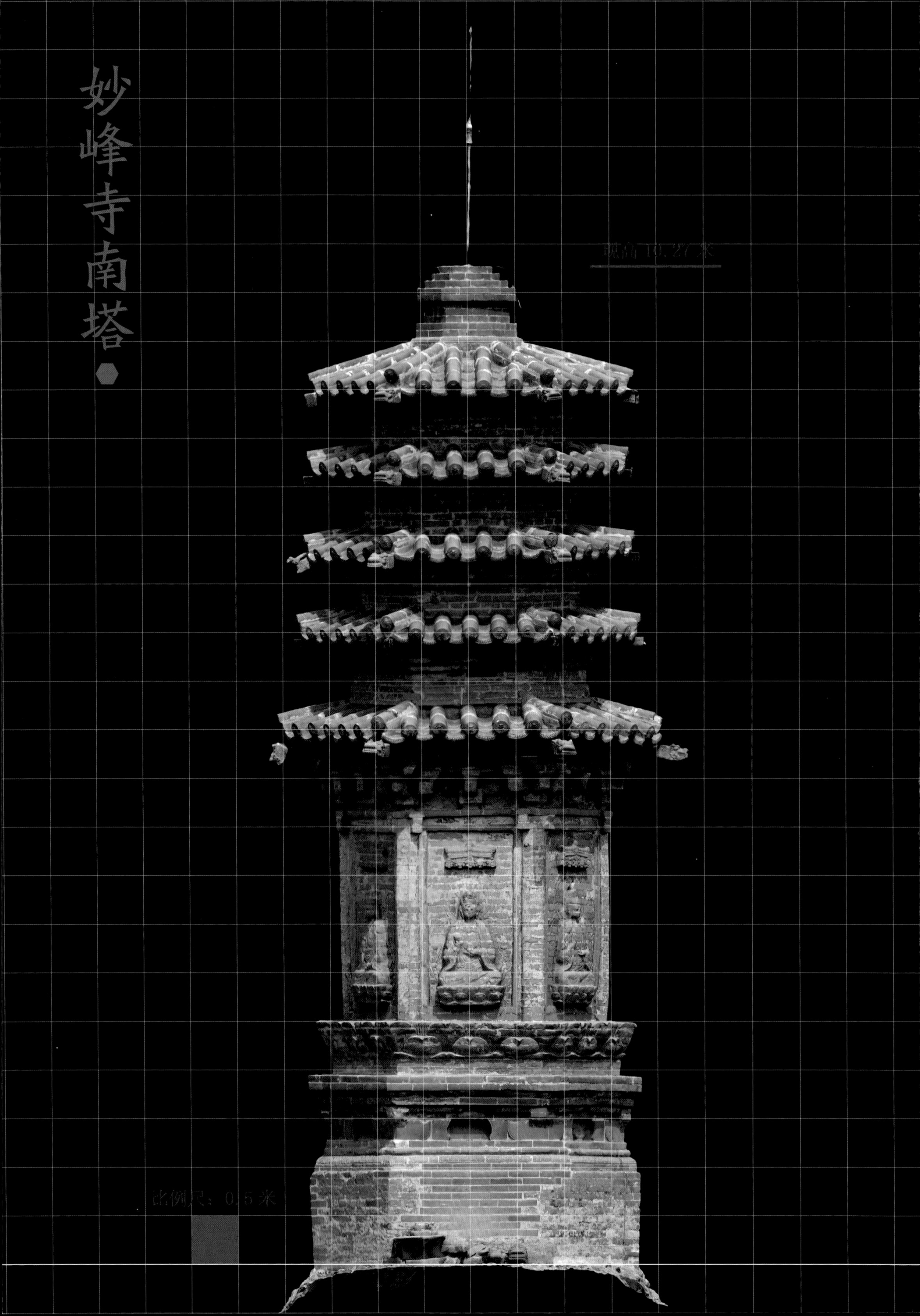
妙峰寺南塔
现高 10.27 米
比例尺：0.5 米

南面人视图

妙峰寺南塔为六角形实心五层密檐砖塔，建造年代为辽天祚乾统年间（1101-1114年）。南塔位于辽宁省葫芦岛市绥中县永安堡乡塔子沟村，塔坐标东经119°49′51.51″，北纬40°17′51.88″，朝向为南向，现高10.27米，该塔为2013年全国第七批重点文物保护单位（编号：7-0936-3-234）。南塔通体为砖筑。

塔基为素砖包砌，塔台有一层束腰，每面均开一个壶门，门内有少量砖雕乐舞人留存，塔台上部设三层仰莲的莲台。塔身每面均于正中有一背承圆光的坐佛趺坐于莲台之上，其上方为砖雕华盖，此外别无装饰，塔身转角处均设八角形倚柱，五面藏于塔身三面外露，上施普拍枋，其上为砖雕仿木铺作，补间铺作一朵，为斗口跳。密檐共五层，逐层内收，二层及以上以砖叠涩出檐。

西南转角铺作

东南塔身仰视

辽阳白塔
现高 59.58 米
比例尺：1 米

辽阳白塔（又名广佑寺宝塔）为八角实心十三级密檐砖塔，建造年代为辽代中晚期，位于辽宁省辽阳市白塔区白塔公园，塔坐标东经123°10′07.92″，北纬41°16′36.67″，朝向为南向，现高59.58米，1988年被列为第三批全国重点文物保护单位（编号：100）。该塔通体为砖筑，于1963年、1972年、1982年对此塔进行过三次维修。

塔基为后期修缮，素砖包砌，多层砖叠涩呈逐渐内收状，每面正中镶有道家的八卦图。塔台有两层束腰，下层束腰每面正中设一小壶门，门内雕有壶门兽，门两侧均嵌有九个花砖。上层束腰每面均开五个壶门，门内均有一尊坐佛趺坐莲台之上，门两侧各一立式胁侍，门间以蜀柱相隔，束腰转角处均有一尊力士像，其上为仿木转角铺作，补间铺作四朵，为双抄五铺作，无令栱、耍头。砖雕铺作上部为平座勾栏，其上部为两层仰莲的莲台，以承托上部塔身。

老照片*

西南塔身铺作

南面无人机鸟瞰图

东南塔台

塔身八面均为一佛二胁侍组合，每面正中设一圆拱券门，券门内一背承圆光的坐佛趺坐于莲台之上，券门两侧各一背承圆光的立式胁侍。券门上部有一华盖砖雕，其上方两侧各设一飞天，两胁侍上方也有体量较小的华盖，华盖间设一砖砌横梁。塔身转角处均设圆形倚柱，上施普拍枋，上部为仿木转角铺作，补间铺作三朵，为双抄五铺作。塔檐共十三层，逐层内收，二层及以上均以砖叠涩出檐。

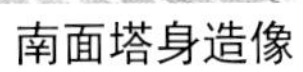

南面塔身造像

东面塔身造像

东北塔身造像

东南塔身造像

香岩寺南塔

南北塔无人机俯视图

香岩寺南塔为六角形实心九层密檐砖塔，建造年代为辽代，位于辽宁省鞍山市千山区千山西南香岩寺东南山顶上。塔坐标东经123°07′20.04″，北纬40°59′24.40″，朝向为南向，为省级保护单位。该塔通体为砖筑。

塔基大部分为青砖包砌，留存少量云纹雕饰。塔台有两层束腰，下层束腰每面均开两个壶门，门内雕有花卉图案，门外两侧为乐舞人，门间以蜀柱相隔。其上为一带状雕饰，上有仰莲及连珠纹饰。上层束腰每面均镶有三个花砖，束腰转角处设力士像，其上为仿木平座转角铺作，补间铺作一朵，为双抄五铺作。砖雕铺作上部为平座勾栏。塔台最上部为两层仰莲的莲台，以承托上部塔身。塔身六面，南面正中为一圆拱券门，券门两侧各一立式胁侍，券门上方为一华盖砖雕，其上方两侧各一飞天，胁侍上方也各有一较小华盖。其余各面中部设一直棱假窗，上部为一华盖砖雕，其上方两侧各一飞天雕饰。塔身转角处均设圆形倚柱，上承普拍枋，其上为仿木转角铺作，补间铺作一朵，为双抄五铺作。塔檐共十三层，逐层内收，二层及以上以砖叠涩出檐。

西南塔身仰视图

西北塔台壶门

东北塔台

双塔寺双塔

西塔

东塔

双塔寺双塔建造年代为辽代，位于辽宁省朝阳市朝阳县木头城子镇东10公里郑杖子村西北0.5公里的悬崖中部平台上，俗称昭苏沟里的双塔山上。双塔坐标东经120°09′17.00″，北纬41°19′34.00″，均为2013年第七批全国重点文物保护单位（编号：7-0933-3-231）。

东塔为八角空心单层楼阁与覆钵结合式砖塔，塔基为素砖包砌，塔台有一层束腰，每面均开一个壶门，门内及两侧均雕有花卉图案，转角处设方形倚柱。塔台上部为三层仰莲的莲台，上承塔身。塔身南面开圆拱券门通往塔心室，北面正中为直棱假窗，假窗上方并列佛龛两个，另四隅面正中有一背承圆光的坐佛趺坐于莲台之上，其上方有砖雕华盖。转角处均设圆形倚柱，上承普拍枋，其上为仿木转角铺作，为单抄四铺作，无令栱，无补间铺作，上部为覆钵式塔檐。

西塔为八角空心三层密檐砖塔，塔基、塔台形制与东塔一致。塔身八面，南面开圆拱券门通往塔心室，另七个面均于正中砌筑小塔，塔顶两侧各开一小龛。转角处均设圆形倚柱，上承普拍枋，其上为仿木砖雕转角铺作，无补间铺作。塔檐共三层，逐层内收，檐下均设仿木结构转角铺作，为单抄四铺作，批竹耍头，令栱做鸳鸯交首栱，无补间铺作，二层檐下束腰部分有一两层仰莲的莲台。

东南人视照片

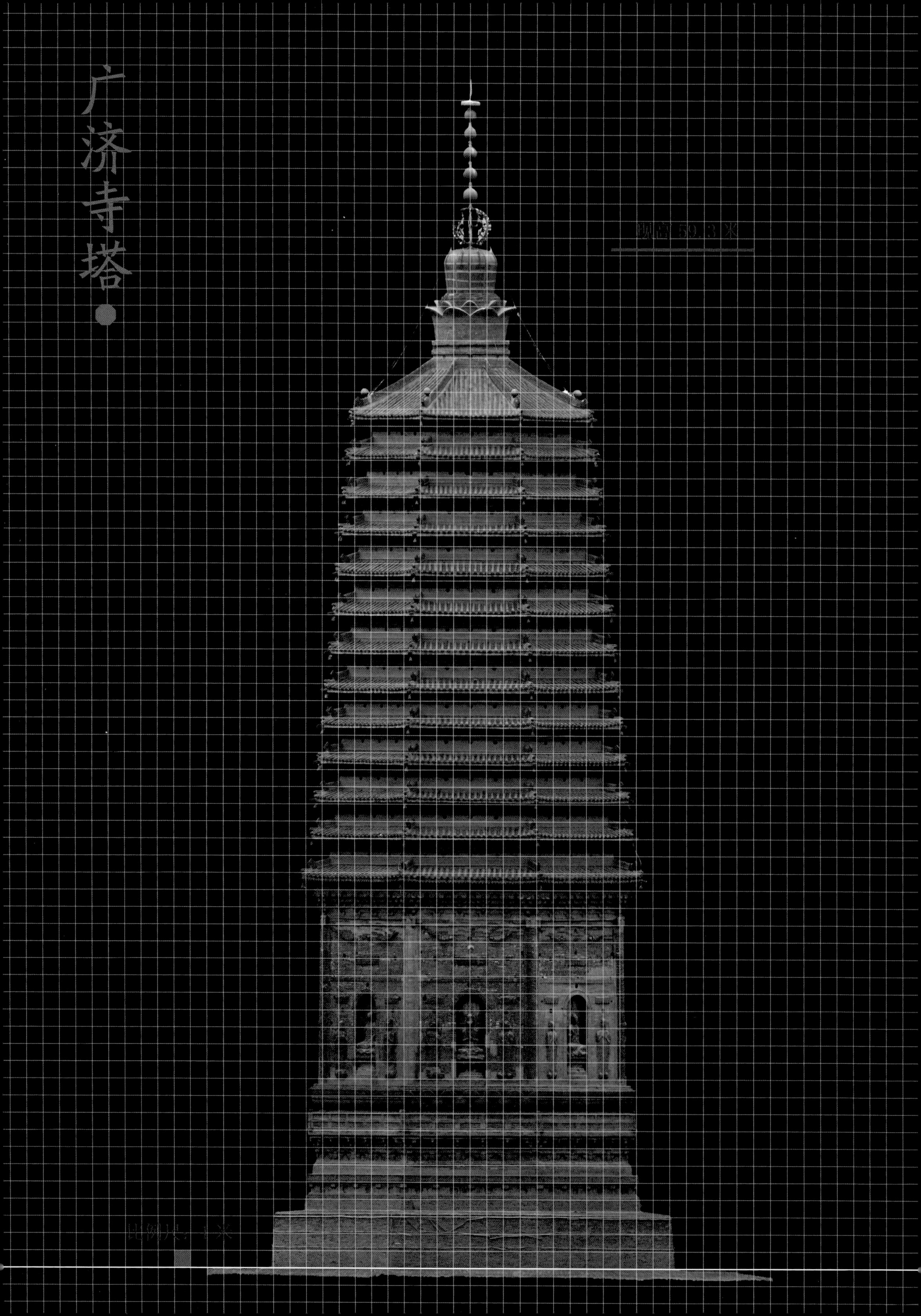
广济寺塔
现高 59.3 米
比例尺：1 米

广济寺塔（又名锦州古塔）为八角实心十三层密檐砖塔，建造年代为辽道宗清宁三年（1057年），位于辽宁省锦州市古塔区古塔公园内。塔坐标东经121°07′11.37″，北纬41°06′32.79″，朝向为南向，现高59.3米。该塔通体为砖筑，2001年被国务院公布为第五批全国重点文物保护单位（编号：88）。

塔基为素砖包砌，塔台有两层束腰，下层束腰每面均开四个壶门，门内砖雕内容已不存。其上部以多层砖叠涩过渡到二层束腰。上层束腰每面均开五个壶门，内一坐佛趺坐于莲台之上，壶门两侧有花卉、胁侍等内容雕饰，门间以蜀柱相隔，束腰转角处为修缮后的圆形倚柱，上方为仿木结构平座转角铺作，补间铺作四朵，为双抄五铺作，无令栱、耍头，上部为平座勾栏。塔台最上部为两层仰莲的莲台。

老照片*

东面塔台

东北塔台铺作、壶门

西面塔身

塔身八面正中均开圆拱券门，门内一背承云纹、圆光浮雕的坐佛趺坐于莲台之上，券门两侧各一背承圆光的立式胁侍，各足均立一莲花座之上。券门与胁侍上方均设华盖，其上部两侧各一飞天，华盖间设一砖砌横梁。塔身转角处均设圆形倚柱，上施普拍枋，上方为仿木结构转角铺作，补间铺作四垛，为三抄六铺作，批竹耍头，塔身每面均镶四面铜镜。

密檐共十三层，逐层内收，二层及以上以砖叠涩出檐，塔檐每面均设嵌三面铜镜。

东南塔身铺作

东北塔身造像

东面塔身造像

西南塔身造像

东南塔身造像

西南无人机俯视图

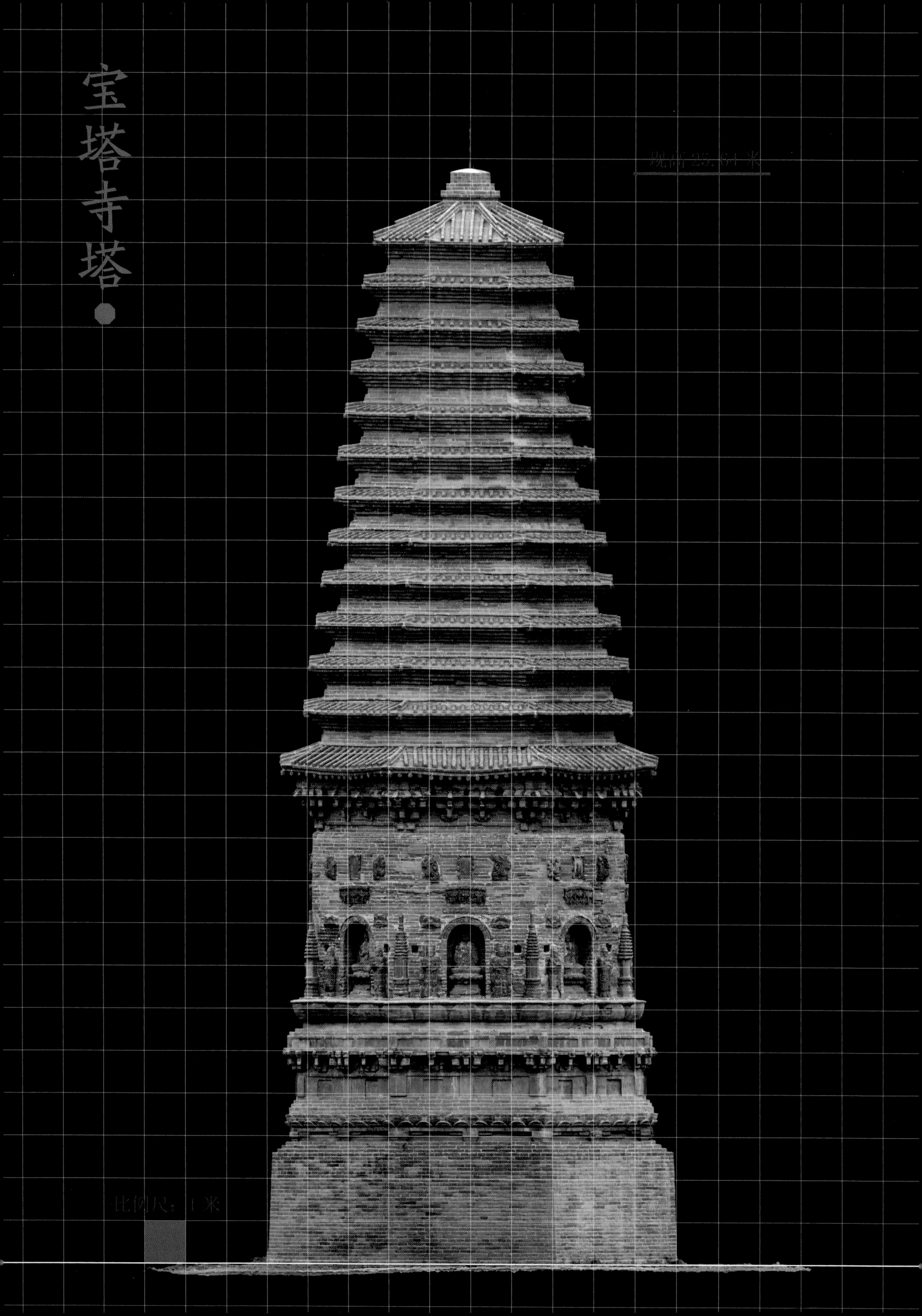
宝塔寺塔
现高 25.64 米
比例尺：1 米

东南远眺图

宝塔寺塔为八角实心十三层密檐砖塔，建造年代为辽太宗天赞年间，位于辽宁省沈阳市康平县东南约25公里处郝官屯乡小塔子村东，塔坐标东经123°36′21.41″，北纬42°39′47.16″，朝向为南向，现高25.64米，1988年被定为省级文物保护单位。该塔通体为砖筑，于2001年和2010年经过两次保护性修复。

塔基为素砖包砌，塔台有两层束腰，下层束腰每面为分两段，雕饰不存。其上为两层仰莲的莲台，之上为多层砖叠涩内收过渡至上层束腰。上层束腰每面均开两个壸门，壸门内有一坐佛趺坐于莲台之上，壸门外雕有花卉图案，壸门间以蜀柱相隔，转角处均为修缮后的方形倚柱，上施普拍枋，上部为仿木平座转角铺作，补间铺作三垛，为单抄四铺作。铺作层上部为平座勾栏，其上部为一层仰莲的莲台，以承托上部塔身。

东面塔身

东南无人机俯视图

东南塔身角柱

塔身八面正中均开圆拱券门，券门内设一坐佛趺坐于莲台之上，门两侧各一胁侍，券门上方为一华盖砖雕，两胁侍上方各有一莲花浮雕，券门华盖上方嵌有一塔铭，其上内容不详，塔铭两侧各一飞天雕饰。塔身上部施普拍枋，其上为仿木转角铺作，补间铺作二朵，为双抄五铺作。塔身转角处均设一尊九层灵塔倚柱，塔刹上沿约至塔身二分之一处。塔檐共十三层，逐层内收，二层及以上均以砖叠涩出檐。

北面塔身铺作

东面塔身

东北塔台

东北人视图

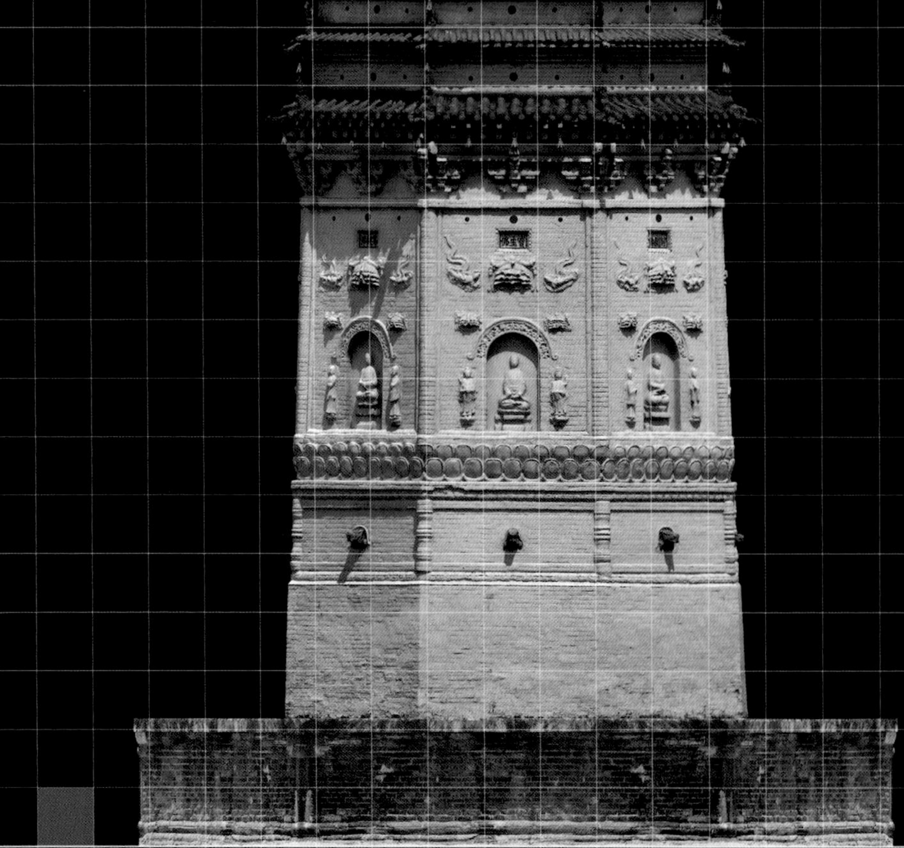

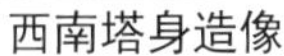
西南塔身造像

西南塔身铺作

东南塔台仰视图

无垢净光舍利塔（又名塔湾舍利塔）为八角空心十三层密檐砖塔，建造年代为辽兴宗重熙十三年（1044年），位于辽宁省沈阳市皇姑区塔湾街北45巷15号。塔坐标东经123°22′27.45″，北纬41°49′57.56″，朝向为南向，现高31.59米，为2013年第七批全国重点文物保护单位（编号：7-0935-3-233）。该塔通体为砖筑，1985年曾对其进行过大规模的保护性修复。

塔基为素砖包砌，塔台有一层束腰，每面中部开一个壸门，有一较小壸门兽探头而出，转角处均设圆形倚柱，束腰上下均雕有仰莲、覆莲，塔台最上层为两层仰莲的莲台，上承塔身。

塔身八面均为一佛二胁侍组合，每面正中设一圆拱券门，门内一坐佛趺坐于莲台之上，券门两侧各一背承圆光的立式胁侍。券门上部有一华盖砖雕，其两侧各设一飞天，华盖上方嵌有一方形塔铭，上书灵佛名号，两胁侍上方设体量较小的华盖。塔身转角处均设圆形倚柱，上施普拍枋，上部为仿木转角铺作，补间铺作一垛，为双抄五铺作，不设令栱、耍头。塔身每面均于塔铭上部设三面铜镜。塔檐共十三层，逐层内收，二层及以上均以砖叠涩出檐，塔檐每面均设一大两小三面铜镜。

东南无人机俯视图

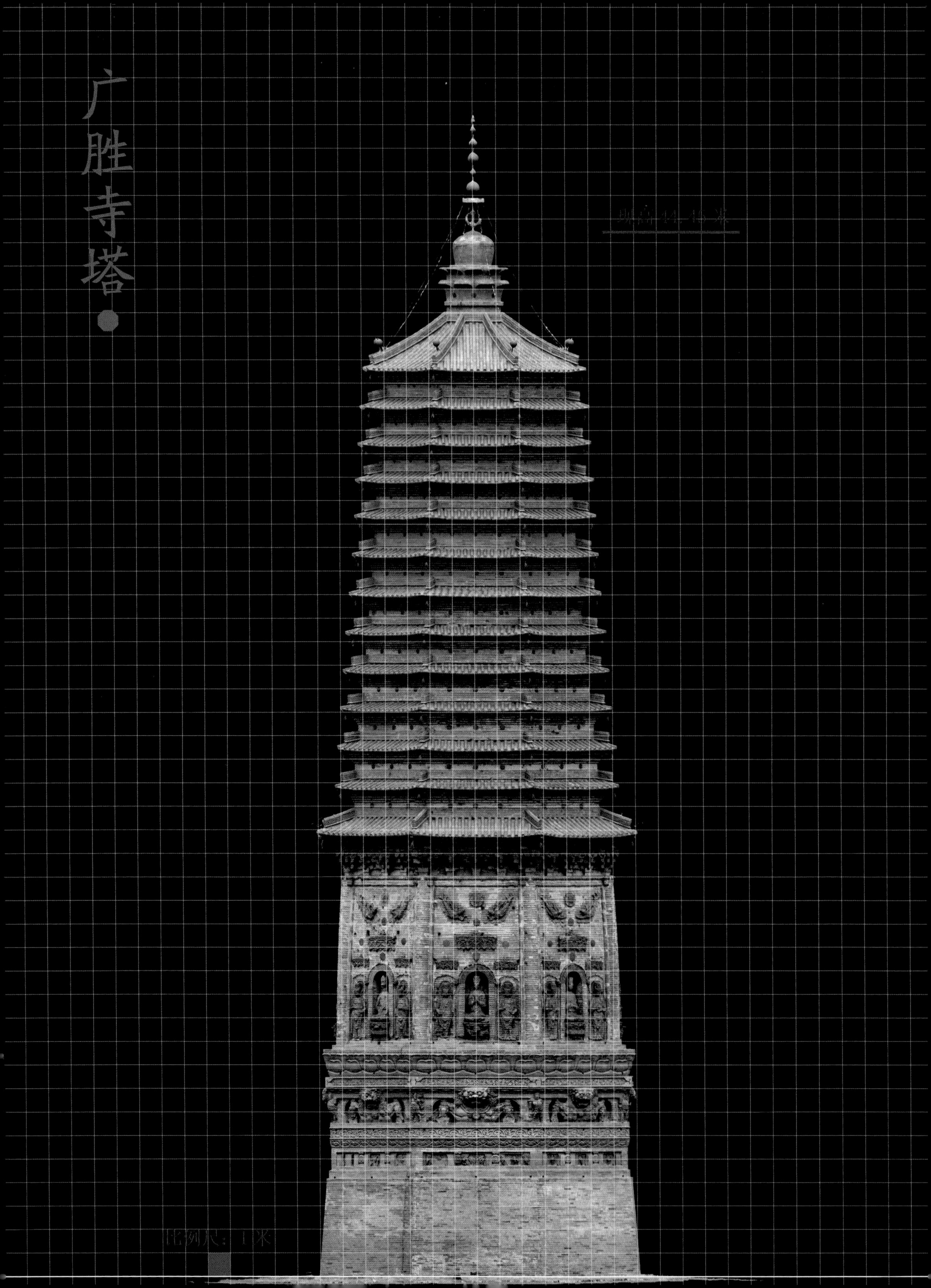
广胜寺塔
塔高44.45米
比例尺：1米

西面塔身

老照片*

广胜寺塔（又名嘉福寺塔）为八角实心十三层密檐砖塔，建造年代为辽圣宗开泰九年（1020年）或辽兴宗乾统七年（1107年），位于辽宁省锦州市义县县城内西南马圈子胡同。塔坐标东经121°07′11.37″，北纬41°06′32.79″，朝向为南向，高44.45米，为2013年第七批全国重点文物保护单位（编号：7-0928-3-226）。该塔通体为砖筑，于2013年曾进行修缮。

塔基为素砖包砌，塔台有两层束腰，下层束腰每面均开三个壸门，壸门内及门两侧砖雕人物及花卉图案，壸门间以蜀柱相隔。束腰上部为两层仰莲的莲台，有云纹、连珠的带状雕饰。上层束腰每面均开一个壸门，内有体形较大的壸门兽探身而出，每只壸门兽的姿势、神态各不相同，束腰转角处均设一力士像，肩扛上部，其上置有一层云纹、连珠的带状雕饰。塔台最上层为三层仰莲的莲台，上承塔身。

东面人视图

东南无人机俯视图

西北塔身仰视图

塔身八面均于正中开一圆拱券门，门内一背承圆光的菩萨趺坐于莲台之上，下乘坐骑，券门两侧各一背承圆光的胁侍菩萨立于浅浮雕佛龛内，券门与胁侍上方均有一华盖砖雕，华盖上方两侧各一飞天雕饰，塔身最上方正中有一圆形莲花砖雕。塔身转角处均设圆形倚柱，上施普拍枋，上部为仿木转角铺作，补间铺作三朵，中间一朵，为双抄五铺作，每面塔身均嵌有四面铜镜。

塔檐共十三层，逐层内收，二层及以上为砖叠涩出檐，塔檐每面均设三面铜镜。

南面塔台细部装饰

东北塔身铺作

东北壶门兽

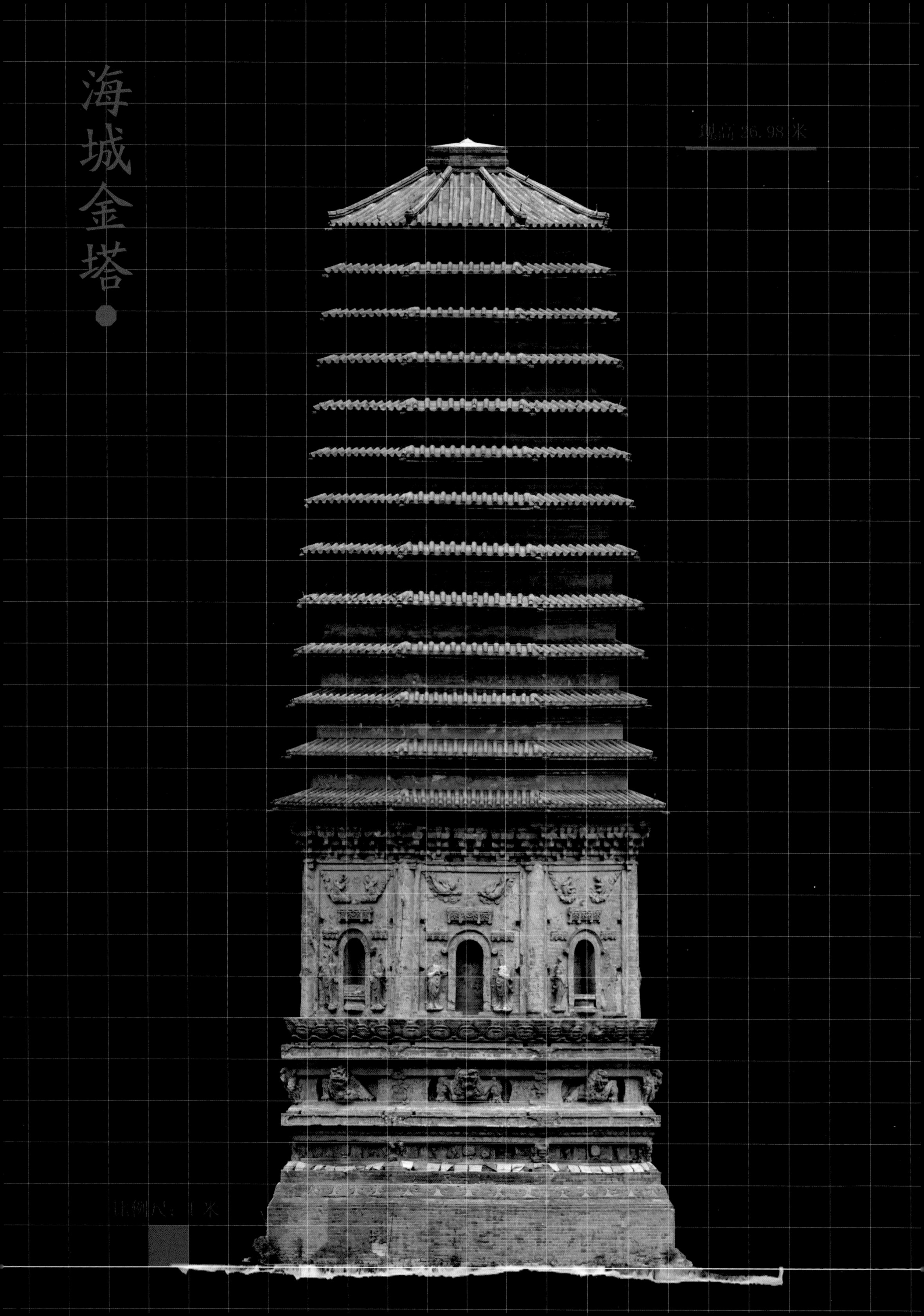
海城金塔
现高 26.98 米
比例尺：1 米

南面人视图

海城金塔为八角实心十三层密檐砖塔，建造年代为辽代中晚期，位于辽宁省鞍山市海城市析木镇羊角峪村西山坡上。塔坐标东经122°53′48.46″，北纬40°43′30.70″，朝向为南向，现高26.98米，为2013年第七批全国重点文物保护单位（编号：7-0930-3-228）。该塔通体为砖筑。

塔基为素砖包砌，塔台中部有两层束腰，下层束腰每面均开两个壶门，壶门内及两侧均雕有乐舞人，壶门间以蜀柱相隔，转角处均设力士像。束腰上部为两层仰莲的莲台，仰莲较小，上部为一连珠带状雕饰。其上方为上层束腰，每面正中均开一个壶门，内有以体形较大的壶门兽探门而出，每只壶门兽的姿势、神态各不相同，转角处设力士像。上部有一连珠带状雕饰，塔台最上部为三层仰莲的莲台，以承托上部塔身。

东北塔台装饰

东南无人机俯视图

塔身八面均于正中开圆拱券门，东南西北四面无砖雕内容，其余四隅面门内余一莲台，券门两侧各站立胁侍一尊。券门上部有一华盖砖雕，其上方两侧各设一飞天，两胁侍上方也有一体量较小的华盖。塔身转角处均设圆形倚柱，上施普拍枋，上部为仿木转角铺作，补间铺作三朵，中间一朵，为双抄五铺作，泥道栱作通替。

南面塔台壶门兽

东面塔身

东南塔身

塔檐共十三层，逐层内收，二层及以上均以砖叠涩出檐。

西南塔身仰视图

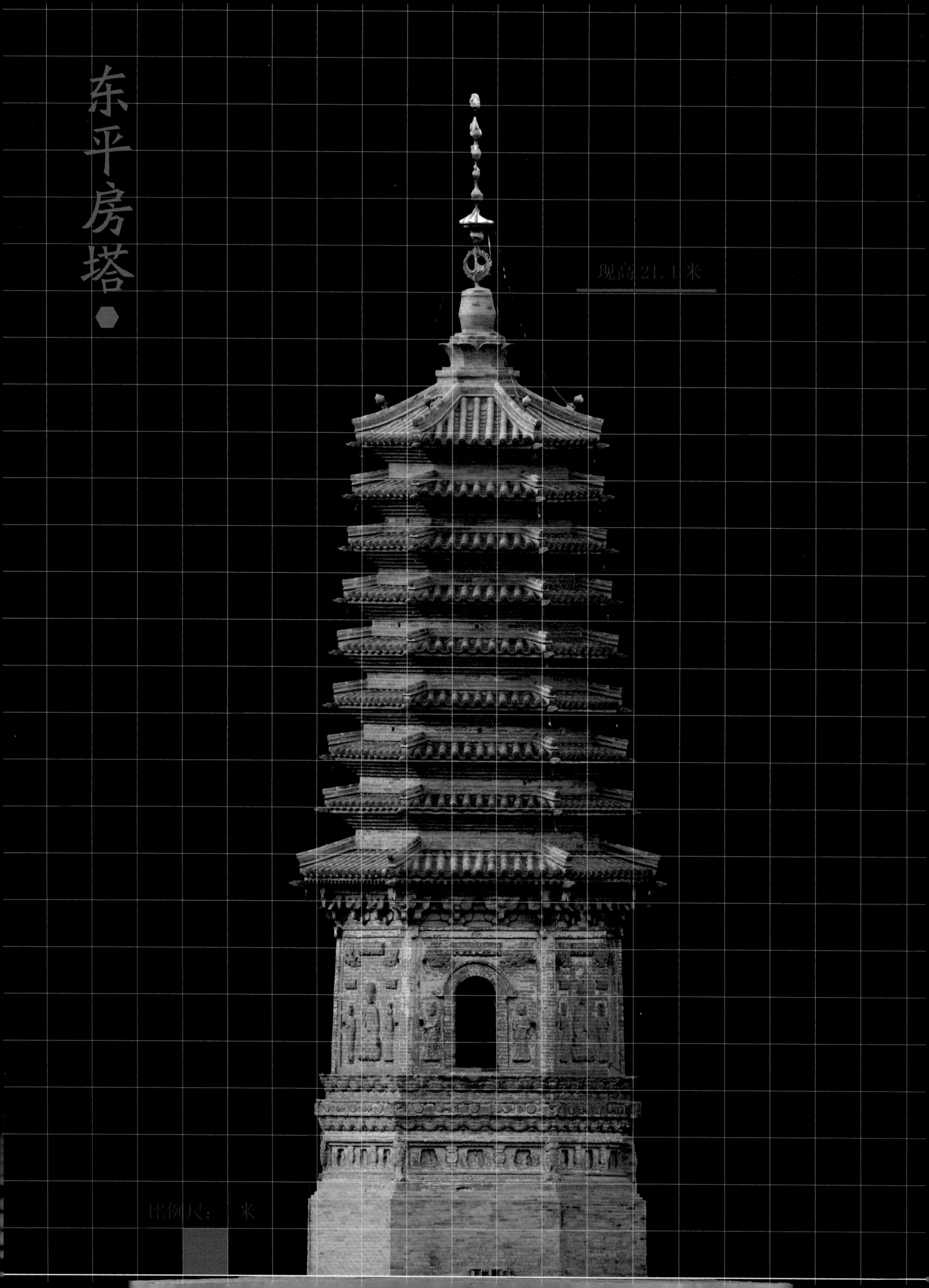
东平房塔
现高21.1米
比例尺：1米

老照片 *

南面人视图

东平房塔为六角形空心九层密檐砖塔，建造年代存疑辽或金，位于辽宁省朝阳市龙城区大平房镇东平房村东北约1公里的塔子沟自然屯东南山丘顶部，西距黄花滩城址九公里。塔坐标东经120°11′36.19″，北纬41°26′32.53″，朝向为南向，现高21.1米，为2013年第七批全国重点文物保护单位（编号：7-0926-3-224）。

2013年维修，此前仅余八层密檐，九层塔檐和塔刹基本无存。

塔基为近代维修，青砖素面。塔台上一层束腰，每面设三个壶门，门内乐舞雕像，龛间以蜀柱版柱相隔。束腰转角处设力士雕像。塔台上设双层仰莲的莲台，其间有法轮、金刚杵等法器带状装饰。

北面塔台

西北无人机俯视图

老照片（二十世纪三十年代日本人关野贞、竹岛卓一考察照片，摄影：岩田秀则）

东南塔身

南面塔身

老照片（二十世纪三十年代日本人关野贞、竹岛卓一考察照片，摄影：岩田秀则）

塔身六面，南面中间设券门，通往塔心室，两侧雕胁侍雕像，上置华盖、飞天，北面为砖雕假门，门两侧有守护雕像，其他各面设一尊主佛、两尊胁侍，均头承圆光，上为华盖、飞天。塔身转角设八角倚柱，上承普拍枋，其上为仿木转角铺作，补间铺作二朵，为单抄四铺作，批竹耍头。塔檐共十三层，逐层内收。二层及以上以砖叠涩出檐。

东北塔身铺作

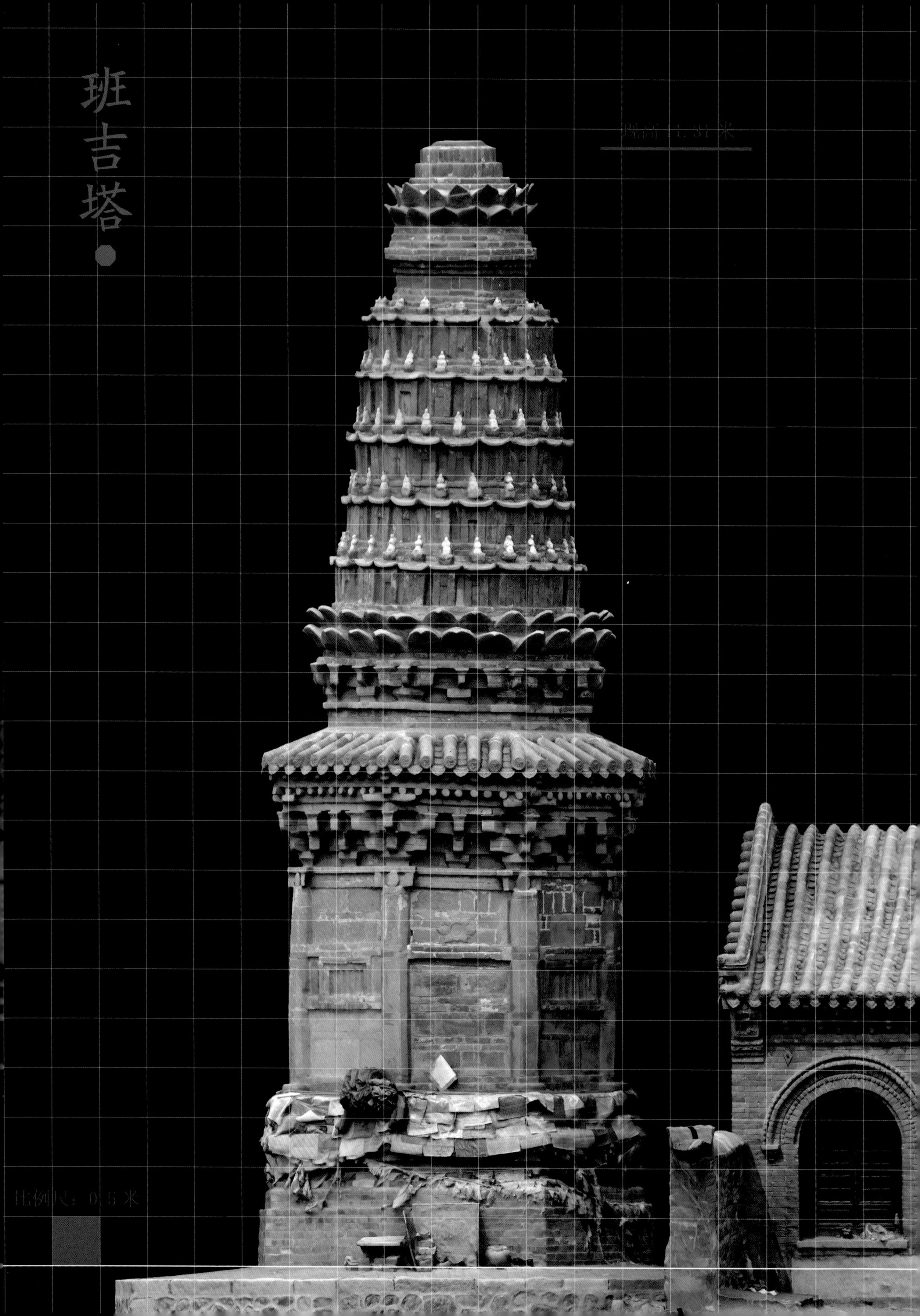
班吉塔
现高 11.31 米
比例尺：0.5 米

班吉塔为八角实心一层花塔，建造年代为辽道宗清宁四年（1058年），位于辽宁省凌海市班吉塔镇盘古山脚。塔坐标东经120°51′46.83″，北纬41°11′39.16″，朝向为南向，现高11.31米，为2013年第七批全国重点文物保护单位（编号：7-0925-3-223）。该塔通体为砖筑。

塔基、塔台均为修复后的素砖包砌，塔基中部有一层束腰。塔身共八面，东南西北四面平直无装饰，塔身上部设一砖筑横梁，其上嵌一花砖，其余四隅面设两道横梁，梁间设直棱假窗，假窗上部均嵌有一块花砖。

塔身转角处均设八角形倚柱，上施普拍枋，上部为仿木转角铺作，为双抄五铺作，补间铺作一朵。

塔檐上置平座，再上为铺作层，转角铺作为双抄五铺作，无令栱、耍头，补间铺作一朵，其上饰仰莲两层。塔顶呈圆锥状分五层，上布满仿亭阁佛龛，一层23个，二层20个，三层20个，四层18个，五层14个。其顶部叠涩内收转至八角形鼓座，上承两层菩提叶。

西面人视图

西面塔顶及仰莲

西面塔身檐口

南面塔冠

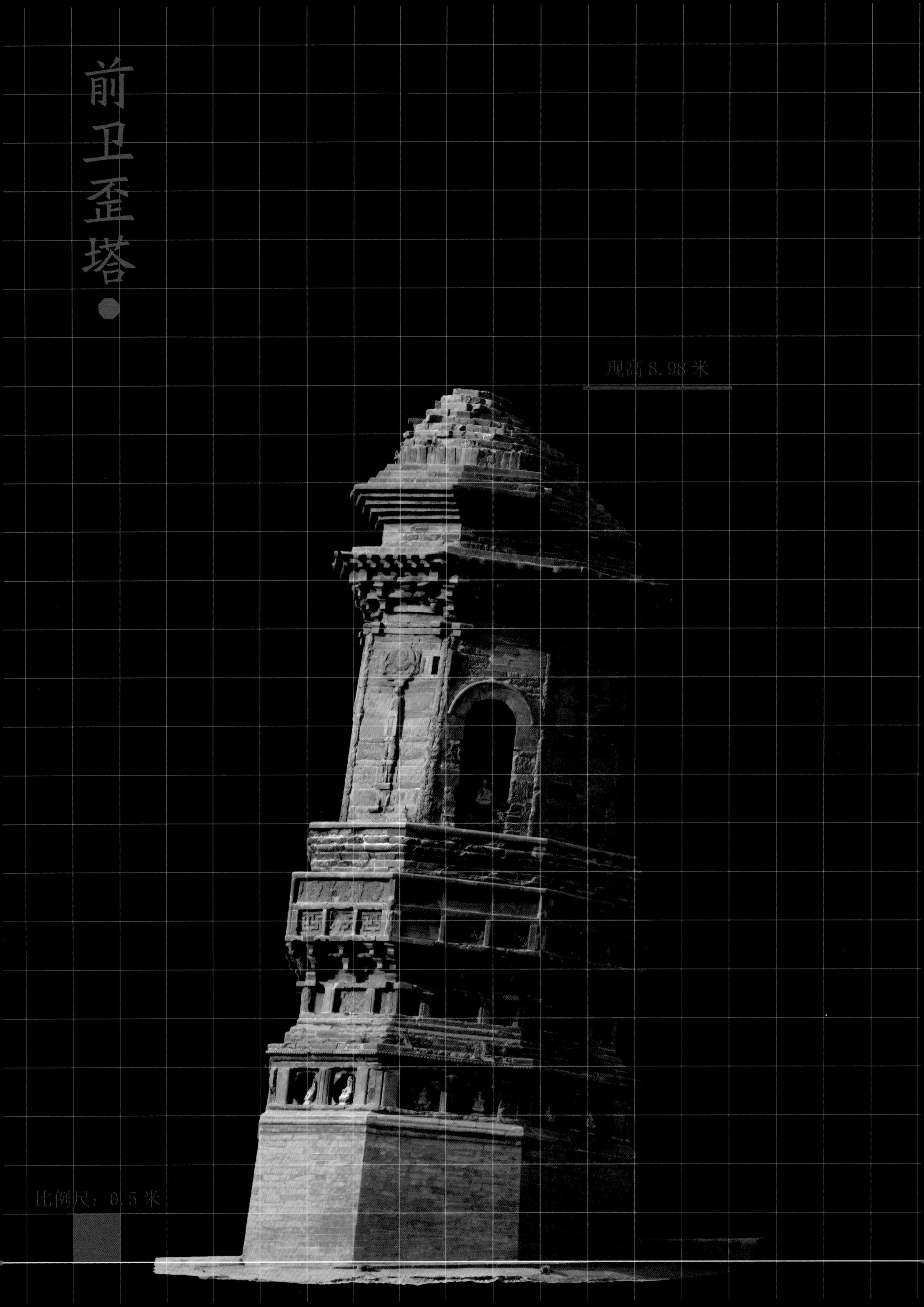
前卫歪塔
现高 8.98 米
比例尺：0.5 米

西北无人机俯视图

前卫歪塔为八角实心密檐砖塔，现存一层，建造年代为辽代中前期，位于辽宁省葫芦岛市绥中县前卫镇。塔坐标东经120°05′58.02″，北纬40°11′25.36″，朝向为南向，现高8.98米，2014年被评为省级重点文物保护单位。该塔通体为砖筑。

塔基素砖包砌，塔台有两层束腰，下层束腰每面均开两个壶门，壶门内砖雕已不存在，壶门间以蜀柱相隔。其上部为连珠雕饰，多层砖叠涩过渡至二层束腰。上层束腰由立砌的砖分为三栏，中部均嵌有一块花砖，转角处均设圆形倚柱，上施普拍枋，上部为仿木砖雕平座转角铺作，为双抄五铺作，无令栱、耍头，补间铺作一朵，其上为平座勾栏。塔台最上部为两层仰莲的莲台，上承塔身。

塔身共八面，东南西北四面均于正中开圆拱券门，此外别无砖雕内容。其余四隅面均于正中有一内容模糊的砖雕，其上嵌有一花砖。塔身转角处均设方形倚柱，上施普拍枋，上部为仿木转角铺作，为双抄五铺作，无补间铺作。塔檐现存共两层，一层塔檐保存相对完好，二层仅余部分塔檐。

西面人视图

西南塔台人视图

西南塔身仰视图

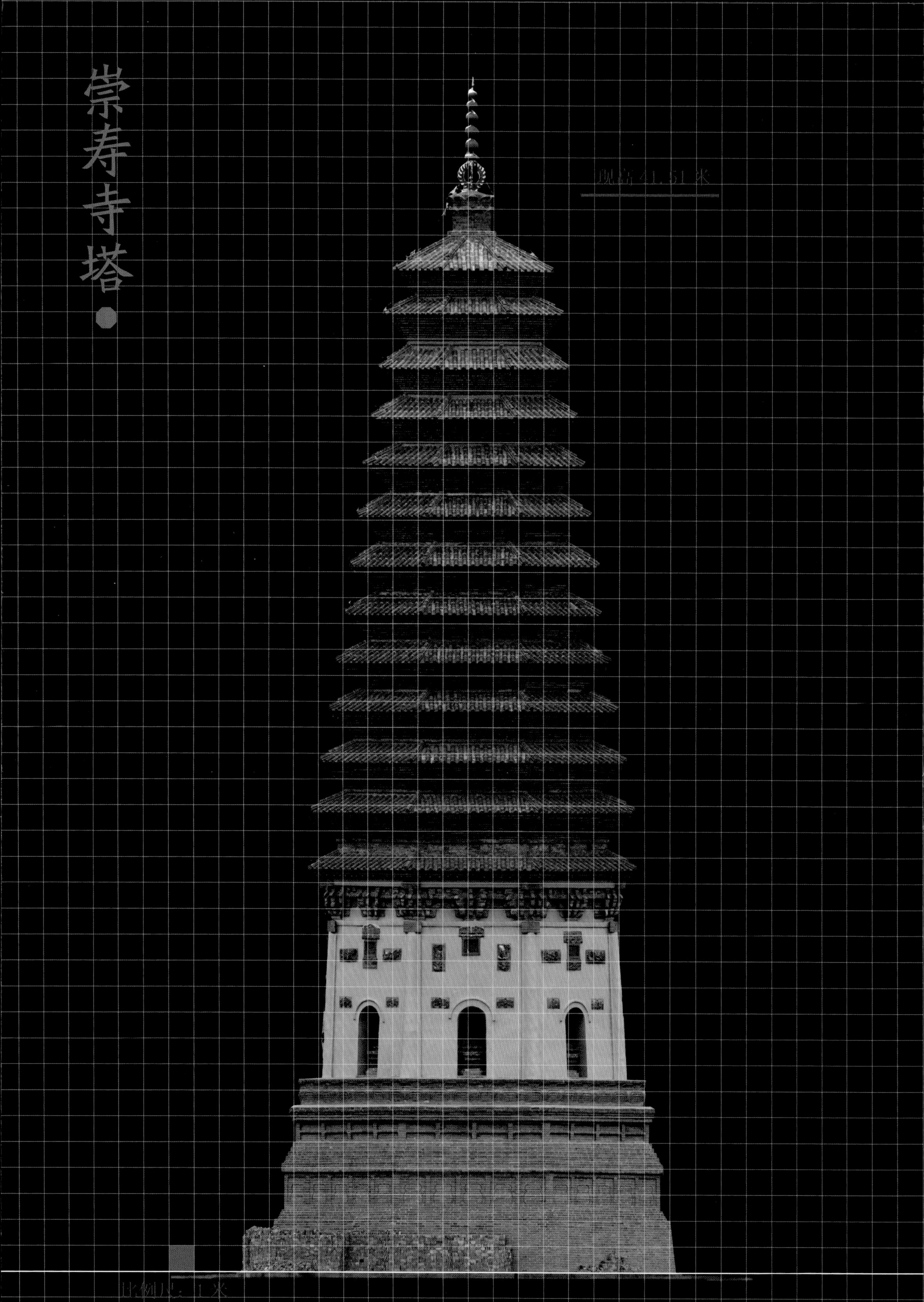
崇寿寺塔
现高 41.51 米
比例尺：1 米

东南塔身造像

东南塔身铺作

老照片*

崇寿寺塔（又名崇寿禅寺塔）为八角实心十三层密檐砖塔，位于辽宁省铁岭市开原市老城西南隅。塔坐标东经124°04′15.69″，北纬42°35′52.79″，朝向为南向，现高41.51米，为2019年第八批全国重点文物保护单位（编号：8-0262-3-065）。该塔通体为砖筑。

塔基素砖包砌，塔台下部有一层束腰，每面开五个壶门，壶门内无雕饰。塔台中部有一层平座勾栏。塔台上部为两层仰莲的莲台，上承塔身。

塔身八面均于正中有一圆拱券门，门内一近代维修的坐佛趺坐于莲台之上。券门两侧各一较小华盖，壶门上方依次为一莲花砖雕、方形塔铭及华盖，塔铭之上为佛名号，其两侧各一乐舞人飞天，东南西北四面飞天为立式外，其余四隅面飞天为横式。塔身转角处均设圆形倚柱，上施普拍枋，上部为仿木转角铺作，补间铺作一朵，为双抄五铺作，批竹耍头。密檐共十三层，逐层内收，二层及以上为砖叠涩出檐。

东南人视图

八塔子塔

1 号塔

2 号塔

3 号塔

4 号塔

5 号塔

6 号塔

7 号塔

8 号塔

八塔子塔建造年代为辽圣宗年间，位于辽宁省锦州义县西南十公里前杨乡八塔村，塔坐标东经121°11′59.00″，北纬41°25′45.18″，八个塔造型迥异，均为青砖砌筑，平面形制有四边形、六边形、八边形、十边形，塔高1.91～3.45米，为1988年省级保护单位，均通体为砖筑。

一号塔 、二号塔为方形实心砖塔，塔台为多层砖叠涩，正中开一券门，塔身四面无装饰，塔檐两层，砖叠涩砌筑。

三号塔为六边形实心砖塔，塔檐一层，为多层砖叠涩内收为尖顶。

四号塔为十边形实心砖塔，塔基、塔台为圆形，塔身由砖交叉叠砌而成，塔檐共两层，砖叠涩砌筑。

五号塔为八角实心砖塔，塔檐一层，为多层砖叠涩内收为尖顶。

六号塔为六边实心砖塔，塔檐一层，为多层砖叠涩内收为尖顶。

七号塔原塔无存，现为 1984年依据一号塔修复。

八号塔原塔无存，现为 1984 年 9 月依据二号塔修复。

吉林地区

农安塔

农安塔
现高 39.93 米
比例尺：1 米

东北塔身

东面塔身

农安塔为八角实心十三层密檐砖塔，建造年代为辽圣宗太平三年，位于吉林省长春市农安县内农安镇城西门。塔坐标东经125°10′8.11″，北纬44°25′34.86″，朝向为南向，现高39.93米，为2013年第七批全国重点文物保护单位(编号：7-0941-3-239)。该塔通体为砖筑。

塔基、塔台均为素砖包砌。塔身共八面，东南西北四面均于正中设圆拱深券，四隅面雕圆拱浅券，券门上方均设塔铭砖雕，其上内容已不存，此外别无装饰留存。塔身转角处均设圆形倚柱，上施普拍枋，上部为仿木转角铺作，补间铺作二垛，为单抄四铺作，批竹耍头。塔檐共十三层，每层檐下均施铺作层，形制与一层檐下铺作一致，尺寸逐层减小。

西向无人机俯视图

东南塔刹

东北七至十三层塔檐

东北二至六层塔檐

北京地区

照塔
云居寺老虎塔
玉皇塔
刘师民塔
鞭塔
天开塔
云居寺北塔
云居寺南塔
忏悔正慧大师灵塔
琬公塔
坨里花塔
忏悔上人坟塔
上方山亭阁式塔
昊天塔
天宁寺塔
法均和尚墓塔
法均和尚衣钵塔
云居寺经幢塔
续秘藏石经塔

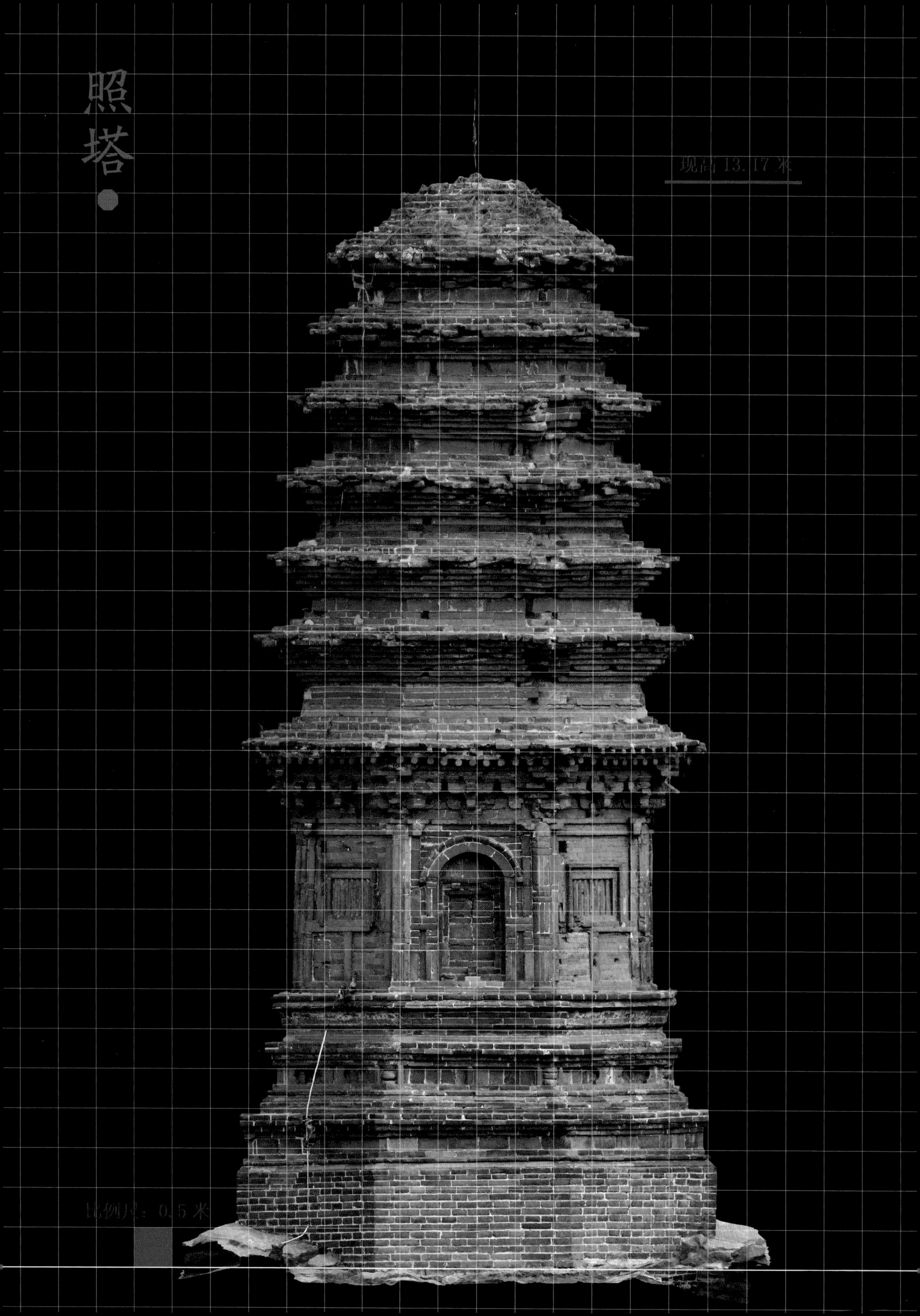
照塔
现高 13.17 米
比例尺：0.5 米

西南无人机俯视图

照塔为八角七层实心密檐砖塔，建于辽代，位于北京房山区南尚乐镇塔照村东山，塔坐标东经115°46′00.77″，北纬39°32′48.38″，朝向为南向，现高13.17米，为第五批北京市保护单位。

塔基为近代修缮，素砖包砌。塔台束腰两层，下层束腰无装饰，上层束腰每面设壶门两个，以蜀柱相隔，仅少量雕饰遗存，转角处设倚柱。束腰上素砌仰莲台，以承托塔身。

塔身八面，东西南北四面中部设半圆形券门，门内镶双扇假门，四隅面设直棂假窗。塔身每面转角处均设八角形倚柱嵌入，上承普拍枋，其上为仿木转角铺作，补间铺作一朵，为单抄四铺作，批竹耍头。密檐共七层，逐层内收，二层以上叠涩出檐，塔刹无存。

西面塔身

西北塔身铺作

西北人视图

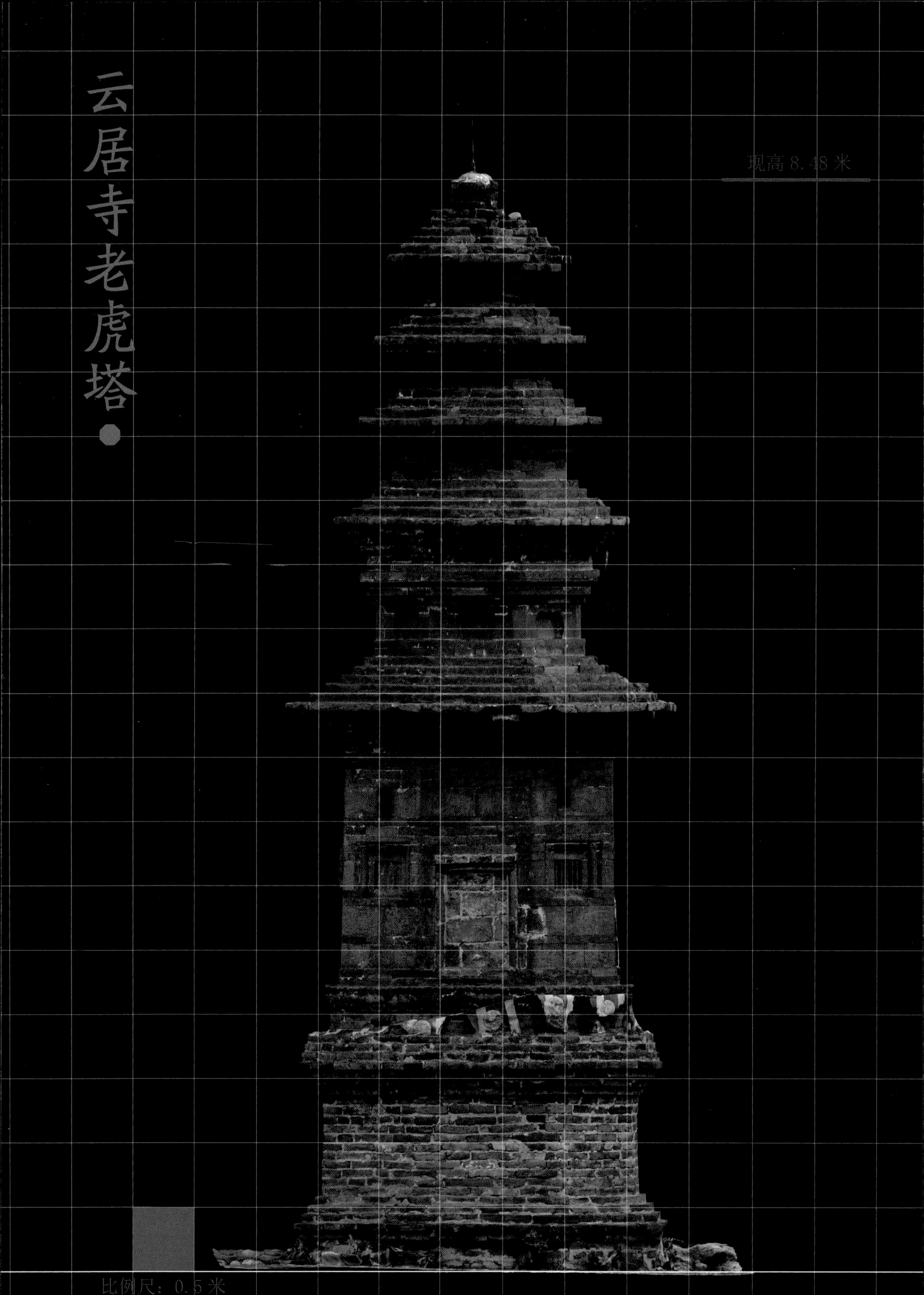
云居寺老虎塔
现高 8.48 米
比例尺：0.5 米

东面塔身券门

云居寺老虎塔为八角五层空心密檐式砖塔，建于辽代，位于房山区大石窝镇云居寺西北水头村的山顶上（云居寺后东北角山顶上）。塔坐标东经115°45′46.04″，北纬39°36′40.08″，朝向为南向，现高8.48米，1961年被列为第一批全国重点文物保护单位（编号：19）。

塔基、塔台均为近代修缮，素砖包砌。塔台束腰两层，下层无装饰，上层束腰四隅面中部开孔洞，束腰上置砖刻仰莲以承托塔身。

塔身八面，东西北三面中部设半圆形券门，南面中部设券洞，通往塔身，北面嵌矩形假门，东面方形壁龛上设植物纹饰弧形砖雕，西面与东面相近，砖雕无存。四隅面嵌直棂假窗，其上遗存孔洞。塔身以上叠涩出檐，一层塔檐上设平座，每面均开壶门一个，各角设整砖雕饰，其上密檐四层，逐层内收。

南面塔身

东南无人机俯视图

西南人视图

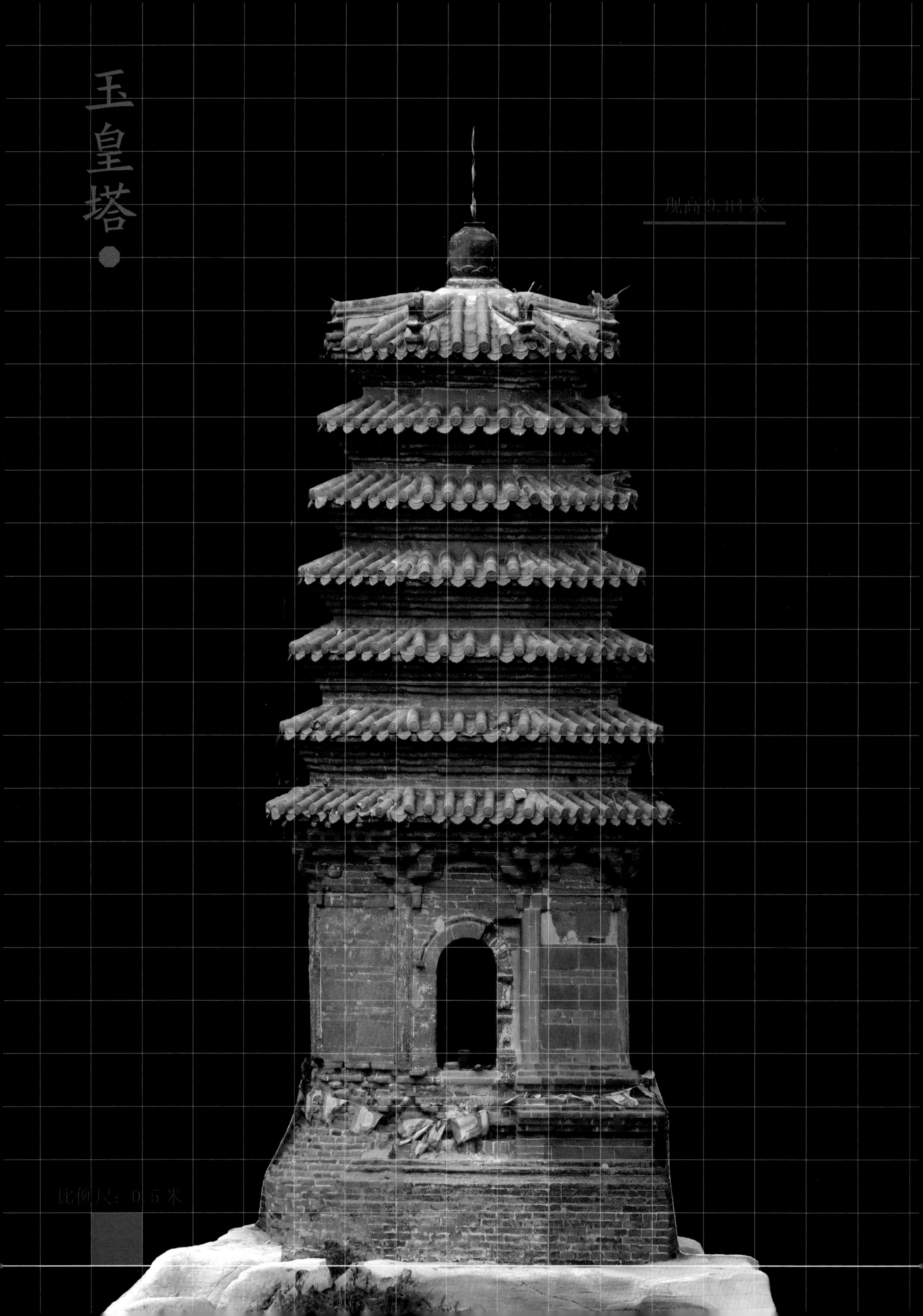
玉皇塔
现高9.84米
比例尺：0.5米

西面无人机俯视图

玉皇塔为八角七级空心密檐砖塔，建于辽代，位于北京房山大石窝镇以北 2 公里的高庄村，塔坐标东经 115° 48′01. 93″，北纬 39° 34′35. 21″，朝向为南向，现高 9. 84 米，为第五批北京市文物保护单位。

塔基、塔台均为近代修缮，素砖包砌。塔台有束腰两层，无装饰。

塔身八面，南面中部设券洞，北面下部设砖雕双扇仿木小门，东西两面置直棂假窗，其他四隅面无装饰。塔身转角处设八边形倚柱，上承普拍枋，其上为仿木转角铺作，为斗口跳，批竹耍头。密檐共七层叠涩出檐逐层内收，檐部上铺砖雕筒瓦、瓦当与滴水。塔顶为八角攒尖式，八条脊尽头有垂兽套兽。

南面塔身券门

西面塔檐

西南塔身铺作

刘师民塔

刘师民塔（又名定光佛舍利塔）为八角三层密檐式空心砖塔，建于辽兴宗重熙年间（1032-1055年），位于北京房山区周口店镇娄子水村庄公院内殿西约50米，塔坐标东经115°53′14.52″，北纬39°40′35.88″，朝向为南向，现高7.28米，为北京市房山区文物保护单位。

塔基为近代修缮，素砖包砌，塔台分两层，上承塔身。塔身八面，南面设券门，连接塔心室，西北面嵌有塔铭，东南面嵌有碑刻，模糊不清，东西面雕直棂假窗，其余呈素面。每面转角处均设八边形倚柱嵌入塔身，上承普拍枋，其上为仿木转角铺作，为单抄四铺作，无补间铺作。塔檐共三层，二、三层檐下由铺作承托叠涩仿木出檐，铺作形制为斗口跳，塔檐逐层内收。

西南塔身与铺作

鞭塔

西北檐下铺作

鞭塔为六角七层空心密檐式砖塔，建于辽代，位于北京房山区青龙湖镇北车营村谷积山中，塔坐标东经116°00′21.05″，北纬39°50′38.68″，朝向为南向，现高6.36米，为北京市房山区文物保护单位。

塔基、塔台均为近代修缮，素砖包砌，塔台一层束腰，上承塔身。

塔身六面，南面设券门，直通塔心，北面呈素面，其余四面雕直棂假窗。塔身每面转角处均设八边形倚柱，上承普拍枋，其上为仿木转角铺作，补间铺作一朵，为斗口跳，批竹耍头。塔檐共七层，二层以上叠涩出檐，逐层内收。

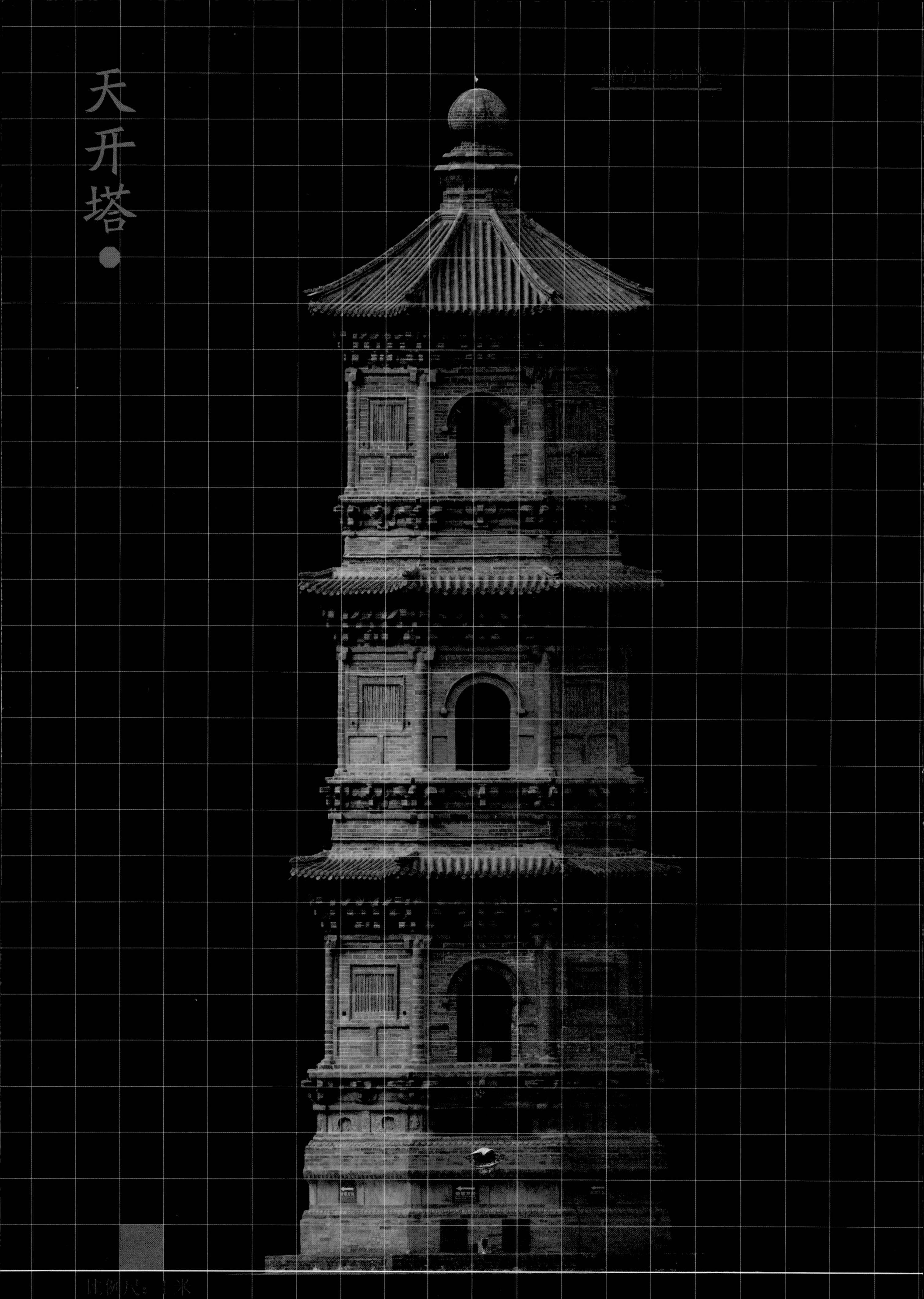
天开塔
比例尺：1米

东北无人机俯视图

天开塔为八角三层楼阁式空心砖塔，建造年代唐龙朔三年（663年），辽代重修此塔，在辽天祚乾统十年（1110年）七月七日建成，位于北京房山区韩村河镇岳各庄乡天开村（龙门生态园内元宝山天开寺内），塔坐标东经115°53′19.81″，北纬39°37′04.99″，朝向为南向，现高25.61米，北京市房山区文物保护单位。该塔于早年损毁，残存部分塔台、塔基与一层塔身，于近代得到修缮。

塔基部分素砖包砌，塔台为双层须弥座，束腰两层，下层束腰部分简单分隔，整体呈素面。上层束腰各面均开两个壶门，门内砖雕造像，门内两侧雕有花卉龙纹内容，门间以蜀柱相隔。束腰各角设双倚柱，其上为仿木砖雕转角铺作，补间铺作一朵。

塔身八面，楼阁三层，东西南北四面中部设半圆形券洞，直通塔心室，四隅面雕直棂假窗。各层塔身每面转角处均设圆形倚柱，上承普拍枋，其上为仿木转角铺作，补间铺作一朵，为双抄五铺作。一层、二层塔檐上筑平座，转角设转角铺作，补间铺作一朵，为双抄五铺作，塔檐三层，砖雕仿木结构。

东面二层塔身及平座

东面一层塔铺作

云居寺北塔

东南无人机俯视图

云居寺北塔（俗称红塔、罗汉塔）为八角二层覆钵式砖塔，建于辽天祚天庆年间（1111-1120年），位于北京房山区大石窝镇水头村云居寺云居寺药师殿北塔院。塔坐标东经115°46′02.20″，北纬39°36′31.75″，朝向为南向，现高31.53米，1961年被列为第一批全国重点文物保护单位（编号：19）。

老照片＊

塔基为近代修建，为三层砖砌，塔基上部每面嵌有22块偈语花砖。塔台束腰两层，每层每面开壶门三个，门内镶壶门兽、造像各一，下层壶门间以雕花板承托栌斗的形式分隔，上层壶门以雕花蜀柱分隔，束腰转角施力士倚柱，其上为仿木砖雕转角铺作，补间铺作一垛，为双抄五铺作，无令栱、耍头，栱眼壁雕有造像。砖雕铺作上部为平座，以承塔身。

塔身八面，东西南北四面中部设券洞，直通塔心室，券洞顶部残留少量雕饰。四隅面嵌直棂假窗，上部雕刻造像。塔身每面转角处设倚柱，上承普拍枋，普拍枋上为仿木转角铺作，补间铺作二垛，为双抄五铺作，批竹耍头。塔檐为仿木砖构，一层、二层塔身之间设平座，补间铺作二垛，为双抄五铺作，无令栱、耍头，二层塔身与一层塔身形制相似。二层塔檐上接八边形鼓座，每面设壶门两个以蜀柱分隔，转角处设倚柱，铺作形制与平座铺作一致，上承覆钵。

云居寺南塔

老照片*

南面人视图

云居寺南塔为八角十一层密檐砖塔，整塔为近代重修，位于北京房山区大石窝镇水头村云居寺，朝向为南。

忏悔正慧大师灵塔

东面无人机俯视图

忏悔正慧大师灵塔（又名张坊村石塔）为八角五层密檐式塔幢，建于辽天祚天庆六年（1116年），位于北京房山区张坊村学校操场北侧，塔坐标东经115°42′14.69″，北纬39°34′18.70″，朝向为南向。塔基为近代修缮，塔台束腰两层，二层束腰上接仰莲台，以承托塔身。塔身八面，呈素面，塔檐五层，逐层递收。

琬公塔

北面人视图

琬公塔（又名开山琬公大师之塔）为八角三层石质经幢，建于辽道宗大安九年（1093年），位于北京房山区大石窝镇水头村云居寺（原在房山区木头村静琬塔院内，1976年经有关部门同意迁于云居寺原药师殿院内，1996年又移到云居寺石经地宫上）。现塔坐标东经115°46′03.49″，北纬39°36′25.28″，朝向为东向，现高6.7米。

塔基上下设仰覆莲，塔台束腰层下层设水纹雕饰，其余八面无装饰，束腰上为叠涩承托塔身。

塔身八面无装饰，转角设倚柱承托一层仿木石构塔檐，二层以上塔檐叠涩出檐。塔刹为仰莲承托覆钵的形式。

北面塔檐

西北塔台

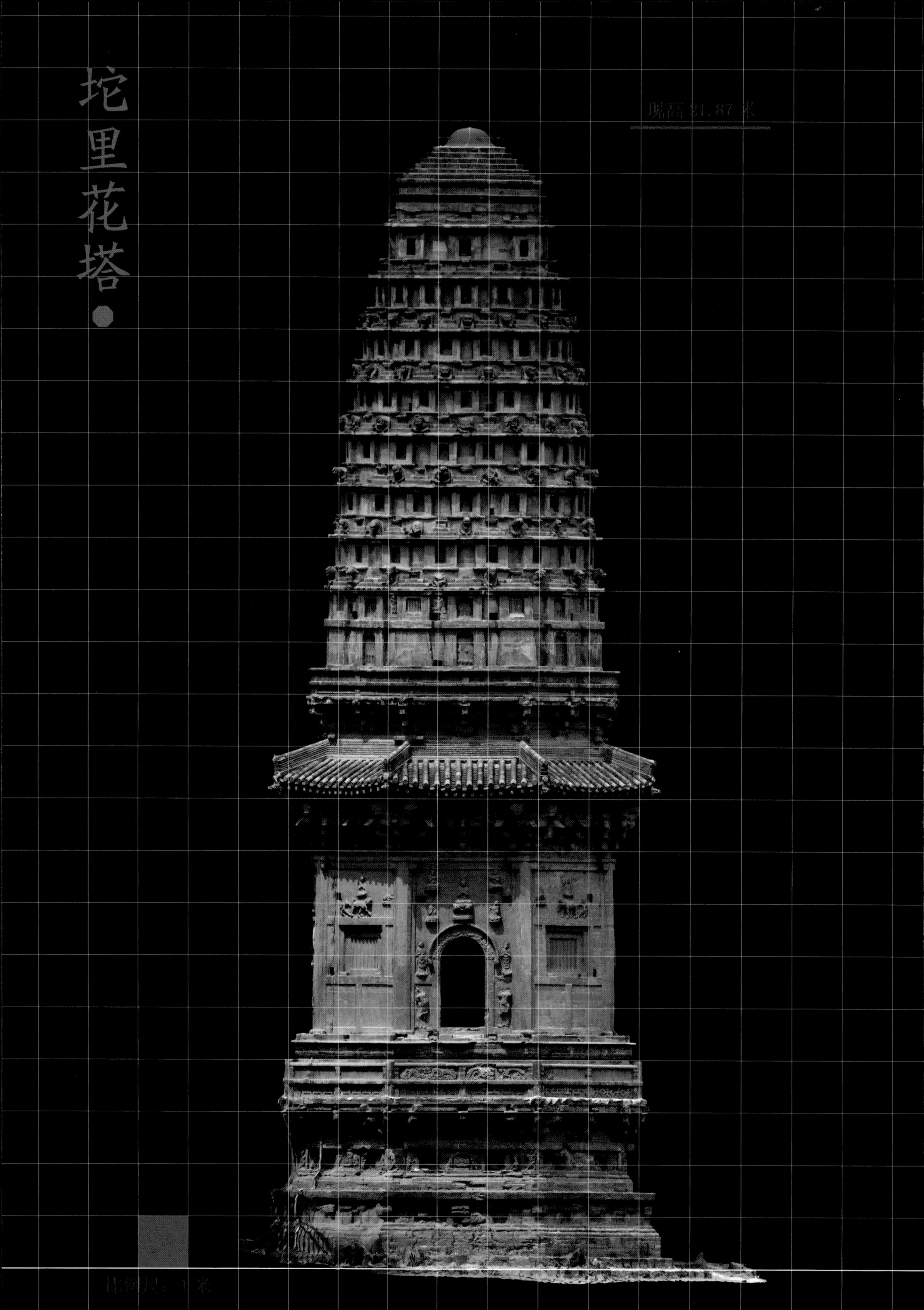
坨里花塔
现高21.87米
比例尺：1米

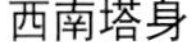

西南塔身

坨里花塔（又名万佛堂花塔）为八角空心花塔，建于辽早期，位于北京房山区磁家务矿区内万佛堂村孔水洞左侧的小山冈上（河北镇磁家务矿区家属大院内），塔坐标东经115°58′51.03″，北纬39°47′22.42″，朝向为南向，1994年维修，现高21.87米，2001年第五批全国重点文物保护单位（编号：6）。

塔基埋于地下，塔台束腰两层，每层束腰各面开壸门两个，下层束腰门内各一只壸门兽探头而出，上层门内及两侧嵌有造像，壸门间以力士蜀柱分隔，束腰转角施力士倚柱，其上为仿木砖雕转角铺作，柱头铺作一朵，为双抄五铺作，无令栱、耍头，栱眼壁饰有浮雕力士，其上承托铺作一朵。砖雕铺作上部为平座勾栏，饰雕花承托栌斗，其上部为素砌仰莲，以承塔身。

东北塔台

塔身八面，南面中部设半圆形券洞，直通塔室，东西北四面中部设券形假门，北面假门微开，券洞、券门两侧及顶部雕刻各类造像。四隅面嵌直棂假窗，上部嵌造像。塔身每面转角处设倚柱，上承普拍枋，普拍枋上为仿木转角铺作，补间铺作一朵，为双抄五铺作。塔身砖铺作承托木制出檐，檐上筑平座勾栏，设转角铺作，补间铺作一朵，为双抄五铺作。

塔顶九层，每层小塔若干，一层为复合楼阁形式，两层以上则由小塔交错布置逐层递收，各层以小塔塔檐与瑞兽分隔。

忏悔上人坟塔

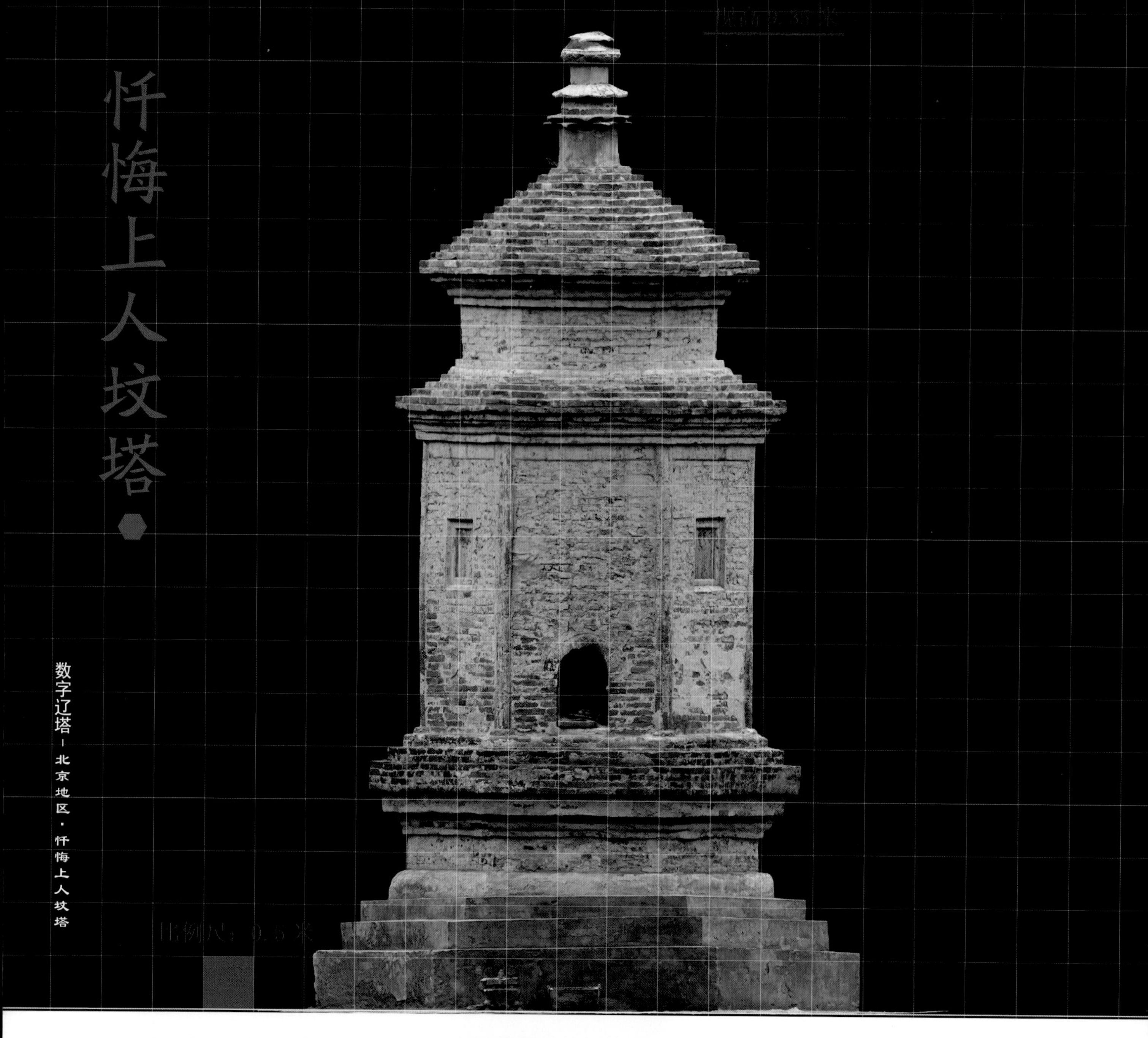

西南无人机俯视图

忏悔上人坟塔（又名六骋山天开寺忏悔上人塔）为六角两层砖塔，建于辽道宗大安六年（1090年），位于北京房山区上方山国家森林公园内韩村河镇上方山塔院，塔坐标东经115°49′17.79″，北纬39°40′30.17″，朝向为东向，现高9.35米，北京市文物保护单位。

该塔通体砖砌，塔基近代修缮，呈三层叠涩，水泥抹面，塔台束腰一层，上承塔身。塔身六面，东面设券龛，西面设矩形假门，上雕门簪六枚，其余四面雕直棂假窗。塔身每面转角处均设矩形倚柱，覆莲柱础，上承普拍枋，塔檐二层，叠涩出檐。塔刹由双层石质仰莲与中部仿木构塔檐组合而成。

上方山亭阁式塔

现高 5.76 米

比例尺：0.5 米

东北塔身铺作

上方山亭阁式塔（又名上方山塔院辽塔）为六角一层空心亭阁式砖塔，建于辽代，位于北京房山区韩村河镇上方山塔院，塔坐标东经115°49′18.03″，北纬39°40′30.82″，朝向为东向，现高5.76米，北京市文物保护单位。

塔基素砖包砌，塔台束腰一层，束腰每面开壶门一个，门内壶门兽一只，转角处雕刻力士，束腰上素砌仰莲台，以承塔身。

塔身六面，东面设券龛，西面设仿木假门，上雕云形纹饰。其余四面雕直棂假窗。塔身每面转角处均设矩形倚柱，覆莲柱础，上设普拍枋，承托仿木转角铺作，为斗口跳，无补间铺作。塔檐一层，铺作承托叠涩仿木出檐。塔刹由双层砖雕仰莲与宝珠组合而成。

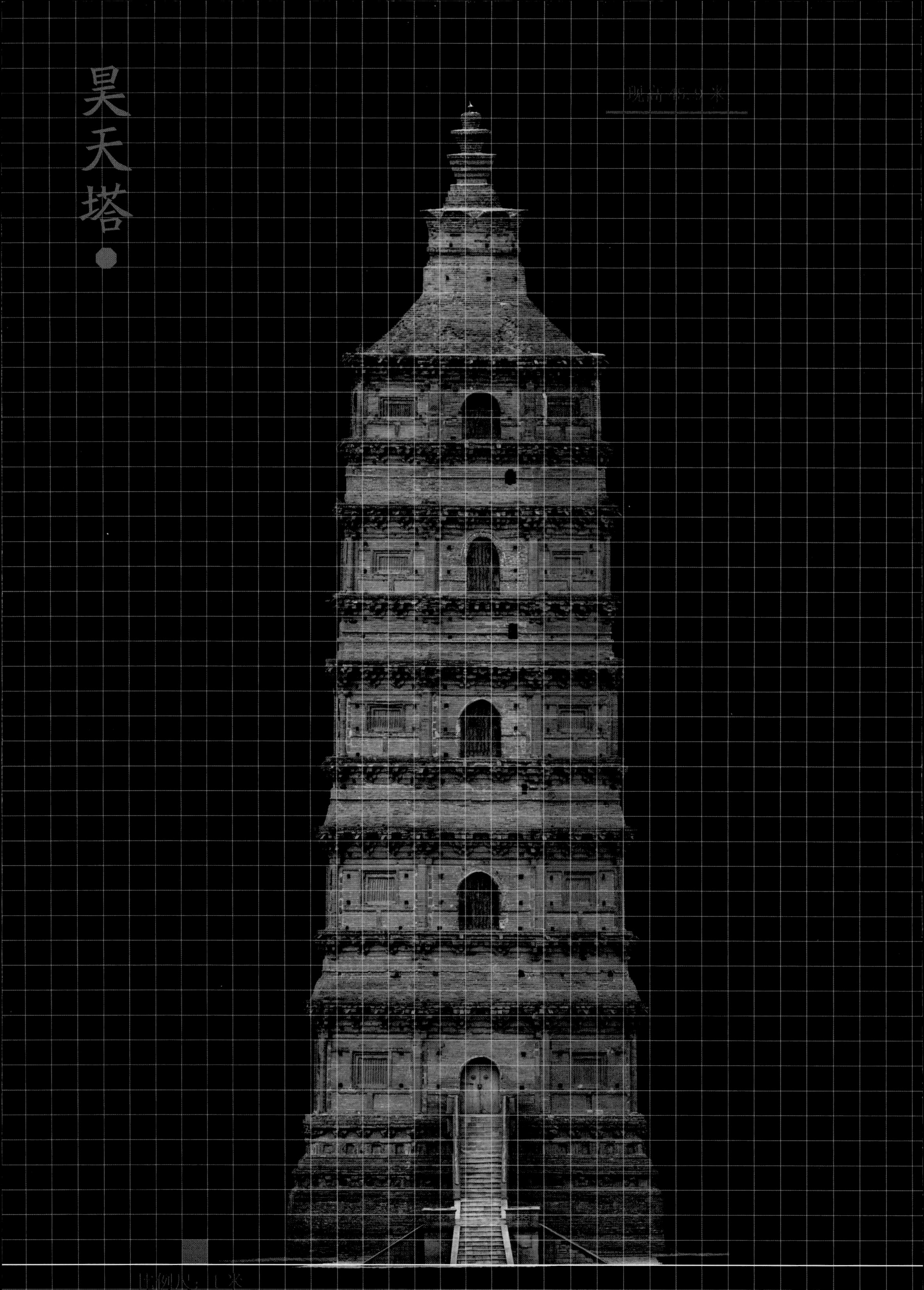

昊天塔
现高 45.9 米
比例尺：1米

南面五层塔檐及平座

南面人视图

南面四层塔檐及平座

昊天塔（又名房山良乡多宝佛塔）为八角五层楼阁式砖塔，建于辽代。位于北京市房山区良乡城东北面的东关村燎石岗上（昊天公园内），塔坐标东经116°08′52.70″，北纬39°44′00.87″，朝向为南向，现高45.9米，2013年被列为全国重点文物保护单位。

塔基素砖包砌，塔台束腰两层，下层束腰每面以雕花承托栌斗分隔出四个壶门，门内各雕有一只壶门兽。上层束腰每面壶门四个，以饰有雕花、力士的蜀柱相隔，门内及两侧刻有造像，束腰转角处为力士倚柱，上置普拍枋，承托转角铺作，补间铺作三垛，为斗口跳，铺作间栱眼壁上雕刻花卉卷草等图案，铺作上部设叠涩平座，以承托塔身。

塔身八面，东西南北面为半圆形券洞，直通塔心室，四隅面嵌直棂假窗。塔身转角处设矩形倚柱，上置普拍枋承托仿木砖雕转角铺作，补间铺作二垛，为双抄五铺作，批竹耍头。塔身各层均由平座承托，平座设转角铺作，补间铺作二垛，为双抄五铺作，各层相同部位铺作形制相近。

南面三层塔檐及平座

东北塔台

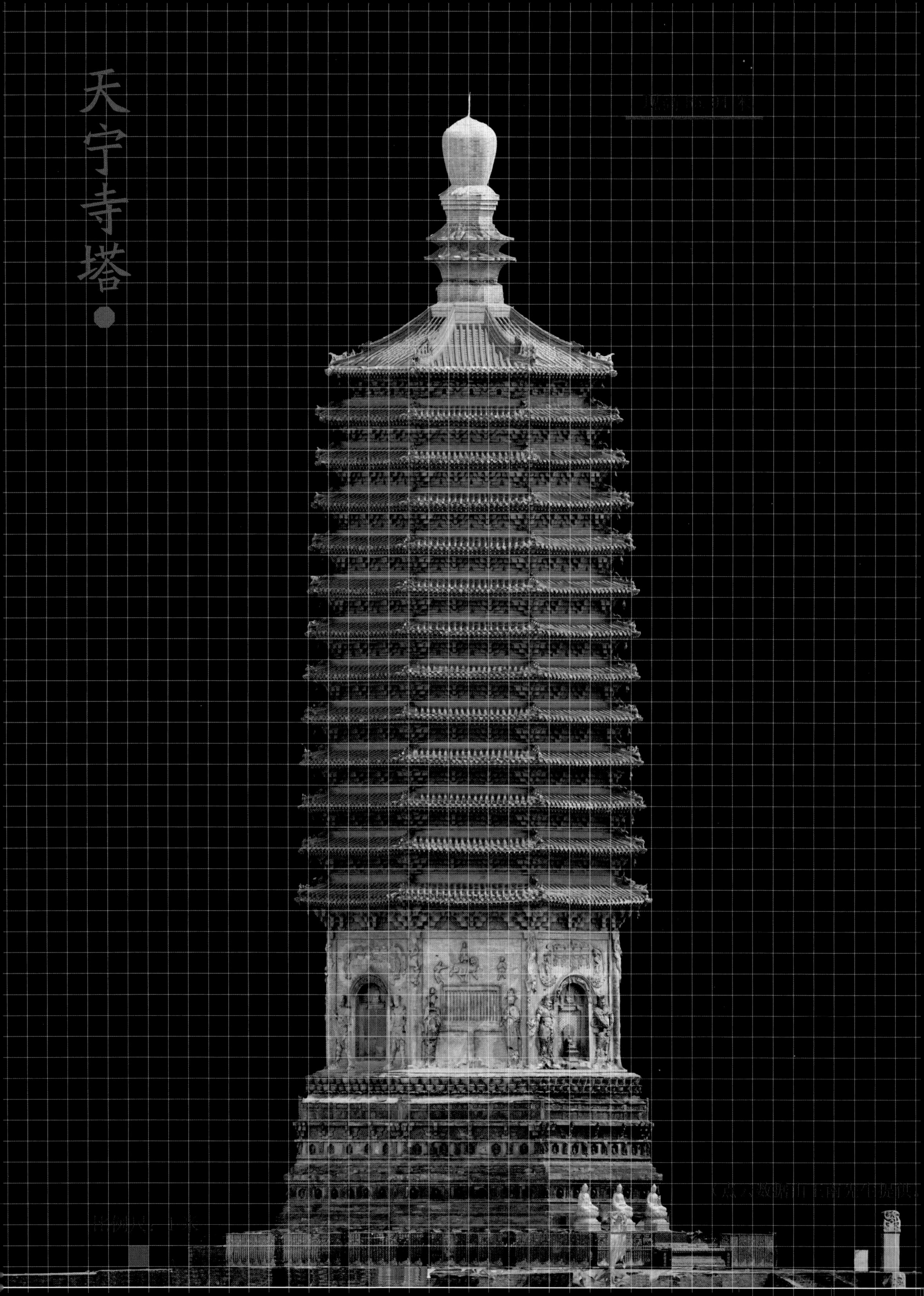
天宁寺塔

西南塔身

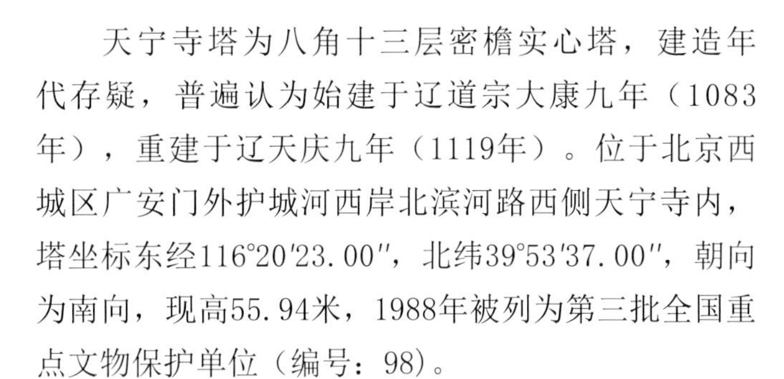

天宁寺塔为八角十三层密檐实心塔，建造年代存疑，普遍认为始建于辽道宗大康九年（1083年），重建于辽天庆九年（1119年）。位于北京西城区广安门外护城河西岸北滨河路西侧天宁寺内，塔坐标东经116°20′23.00″，北纬39°53′37.00″，朝向为南向，现高55.94米，1988年被列为第三批全国重点文物保护单位（编号：98）。

塔基素砖包砌，塔台束腰两层，下层束腰每面均开六个壸门，内匐壸门兽，壸门间蜀柱雕花，束腰转角置力士倚柱。上层束腰每面开六个壸门，门内雕有造像，蜀柱、转角倚柱上雕力士，其上平座铺作层施补间铺作三朵，为双抄五铺作，铺作间有花卉图案的栱眼壁。铺作上部为平座勾栏，装饰繁多，其上两层仰莲以承托塔身。

塔身八面布满泥塑砖雕装饰，东西南北四面中部设圆拱券门，券门两侧雕刻造像，上部华盖两侧各一飞天。四隅面雕直棂假窗，上部及两侧雕刻造像。塔身每面转角处设盘龙倚柱，上承普拍枋，普拍枋上为仿木转角铺作，补间铺作一朵，为双抄五铺作，批竹耍头。密檐十三层，各层塔檐均设铺作，补间铺作二朵，为双抄五铺作，由仿木砖雕铺作承托木椽出檐。

西面塔身

西南塔台

老照片*

法均和尚墓塔

法均和尚墓塔（又称为戒台寺北塔、松抱塔）为八角七层密檐式砖塔，始建于辽道宗太康元年（1075年），明代重修。位于北京市门头沟区马鞍山戒台寺后花园西北角。塔坐标东经116°04′46.97″，北纬39°52′10.18″，现高15.40米，朝向为南向，1996年被列为第四批全国重点文物保护单位（编号：16）。

塔基埋于地下，塔台束腰两层，两层束腰均饰以祥云花卉的图案，转角处设三段式圆形倚柱，上层束腰置仿木砖雕转角铺作，补间铺作一朵，为单抄四铺作。砖雕铺作上托平座勾栏，其上三层仰莲的莲台，以承塔身。

塔身八面，东西南北面设双扇假门，四隅面嵌假窗。南面假门上有塔铭一处，其余各面顶部雕有祥云图案。塔身转角设圆形倚柱，上为普拍枋，普拍枋上置转角铺作，补间铺作一朵，为单抄四铺作。二层以上各层均设平座，上刻有祥云图案，平座转角处设倚柱，上置普拍枋承托铺作，其中二至六层为补间铺作二朵，为斗口跳，七层为补间铺作一朵，为单抄四铺作。塔檐铺作承托叠涩出檐，逐层递收。

东南塔檐

西北二至五层铺作

南面塔台

北面塔身仰视图

法均和尚衣钵塔

西南塔檐仰视图

法均和尚衣钵塔（又名戒台寺南塔）为八角五层密檐式砖塔，始建于辽道宗太康元年（1075年），明代重修。位于北京门头沟区马鞍山戒台寺后花园西北角，塔坐标东经116°04′46.97″，北纬39°52′10.18″，现高13.35米，朝向为南向，1996年被列为第四批全国重点文物保护单位（编号：16）。

塔基埋于地下，塔台束腰一层呈素面，转角处设八角倚柱收分明显，束腰上部叠涩托三层仰莲以承塔身。

塔身八面，东西南北面设半圆形券门，南北面券门上饰以双龙，东西面券门上饰以双凤，四隅面嵌假窗。塔身各面顶部雕有祥云图案，其上设普拍枋承托仿木砖雕转角铺作，补间铺作一朵，为单抄四铺作。塔身转角均有五级密檐式灵塔一座，塔刹与云纹相隔一砖。塔檐铺作承托木椽出檐，五层渐次内收。

南面塔身

东南塔台仰莲

云居寺经幢

陀罗尼经幢

陀罗尼经幢，塔坐标东经115°46′07.74″，北纬39°36′26.19″。

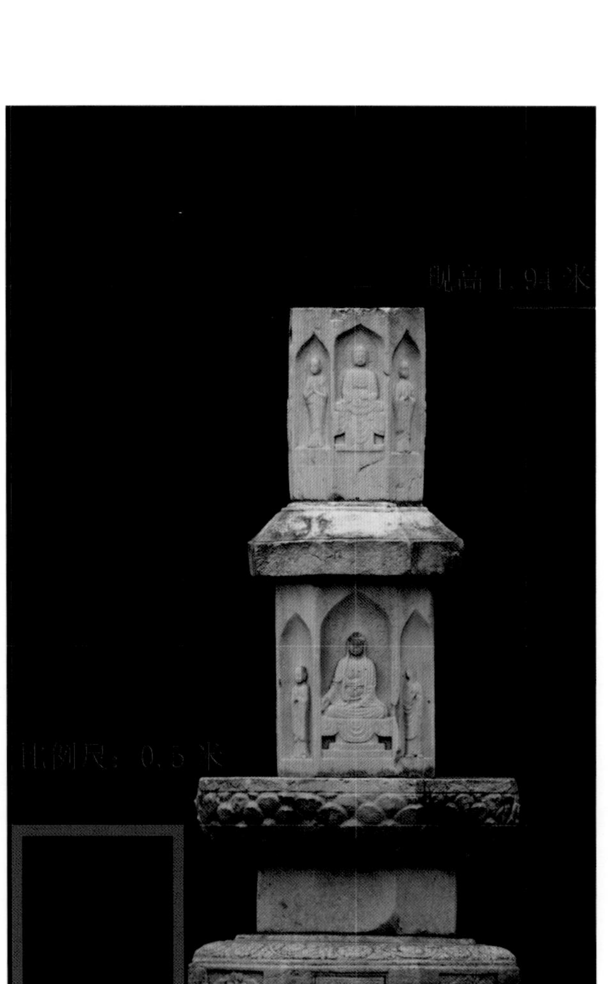

佛像经幢

佛像经幢高 1.94 米，塔坐标东经 115° 46′01.58″，北纬 39° 36′32.41″。

佛顶尊胜陀罗尼经幢

佛顶尊胜陀罗尼经幢高 2.63 米，塔坐标东经 115° 46′07.74″，北纬 39° 36′26.19″。

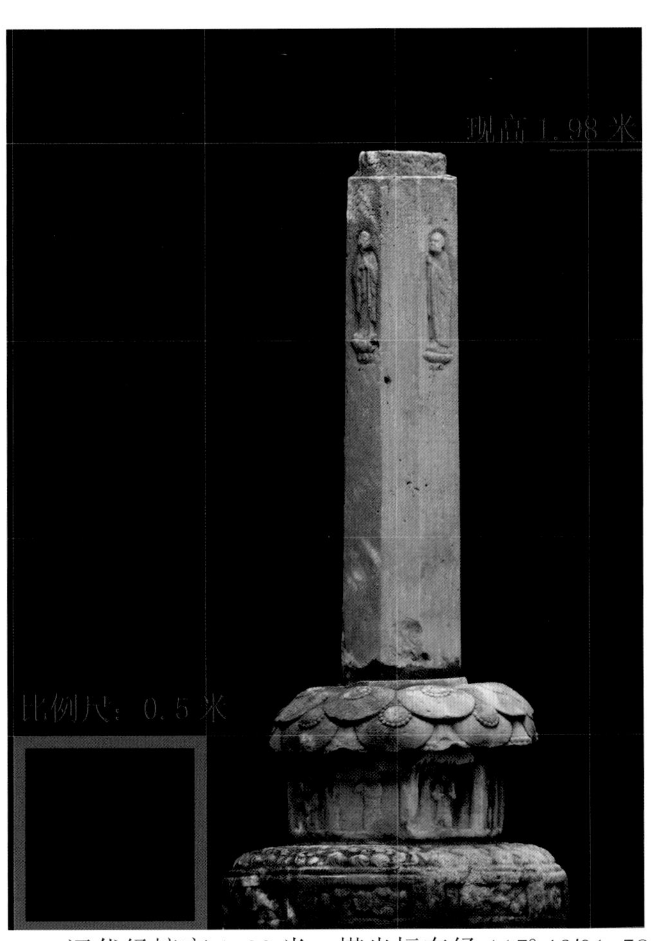

辽代经幢

辽代经幢高 1.98 米，塔坐标东经 115° 46′01.58″，北纬 39° 36′32.41″。

续秘藏石经塔

续秘藏石经塔（又名压经塔）为八角七层经幢，建于辽天祚天庆七年（1117年），位于房山区大石窝镇云居寺石经地宫上方，塔坐标东经115°46′04.42″，北纬39°36′25.27″，朝向为东向，现高4.15米，1961年被列为第一批全国重点文物保护单位（编号：19）。

塔台束腰上、中、下每面均雕有造像，束腰下部有覆莲石雕，上部叠涩出挑，以承托塔身。

塔身八面，每面刻有经文，其之上为七级密檐，首层塔檐仿木结构雕刻，其余各层较为简洁，塔刹部分由两座石质仰莲组成。

东北塔基雕刻

西面人视图

天津地区

福山塔
蓟县白塔
天成寺塔

福山塔
现高 18.63 米
比例尺：0.5 米

南面塔身

南面人视图

福山塔为八角实心一层覆钵式砖塔，建造年代为辽代，位于天津蓟县五百户镇福山顶（蓟县段庄子村东南），塔坐标东经117°39′53.99″，北纬40°00′10.49″，朝向为南向，现高18.63米，属1991年市级重点文物保护单位。

塔基为石砌。塔台下部南、东南、西南三面均嵌塔铭，南面塔铭书“古浮屠”，上为束腰一层，每面均雕花卉图案，转角处均设花砖倚柱，上施普拍枋，其上仿木平座转角铺作，补间铺作一朵，为双抄五铺作，无令栱、耍头，栱眼壁雕花卉图案，铺作层上承平座勾栏。

塔身八面，南面开圆拱券门可通往塔心室，门前出抱厦，东西北三面均于正中开圆拱假门，券门上方均设灵塔、飞天雕饰。其余各面均嵌两座三层经幢，塔身转角处均设八边形倚柱，上施普拍枋，上部为仿木转角铺作，补间铺作一朵，为双抄五铺作，无令栱、耍头。其上两层仿木铺作承托平座勾栏，镶花卉纹样，顶部为铺作承托两层叠涩，上为莲瓣接覆钵状塔顶，各层补间铺作一朵。塔檐为叠涩出檐。

南面无人机俯视图

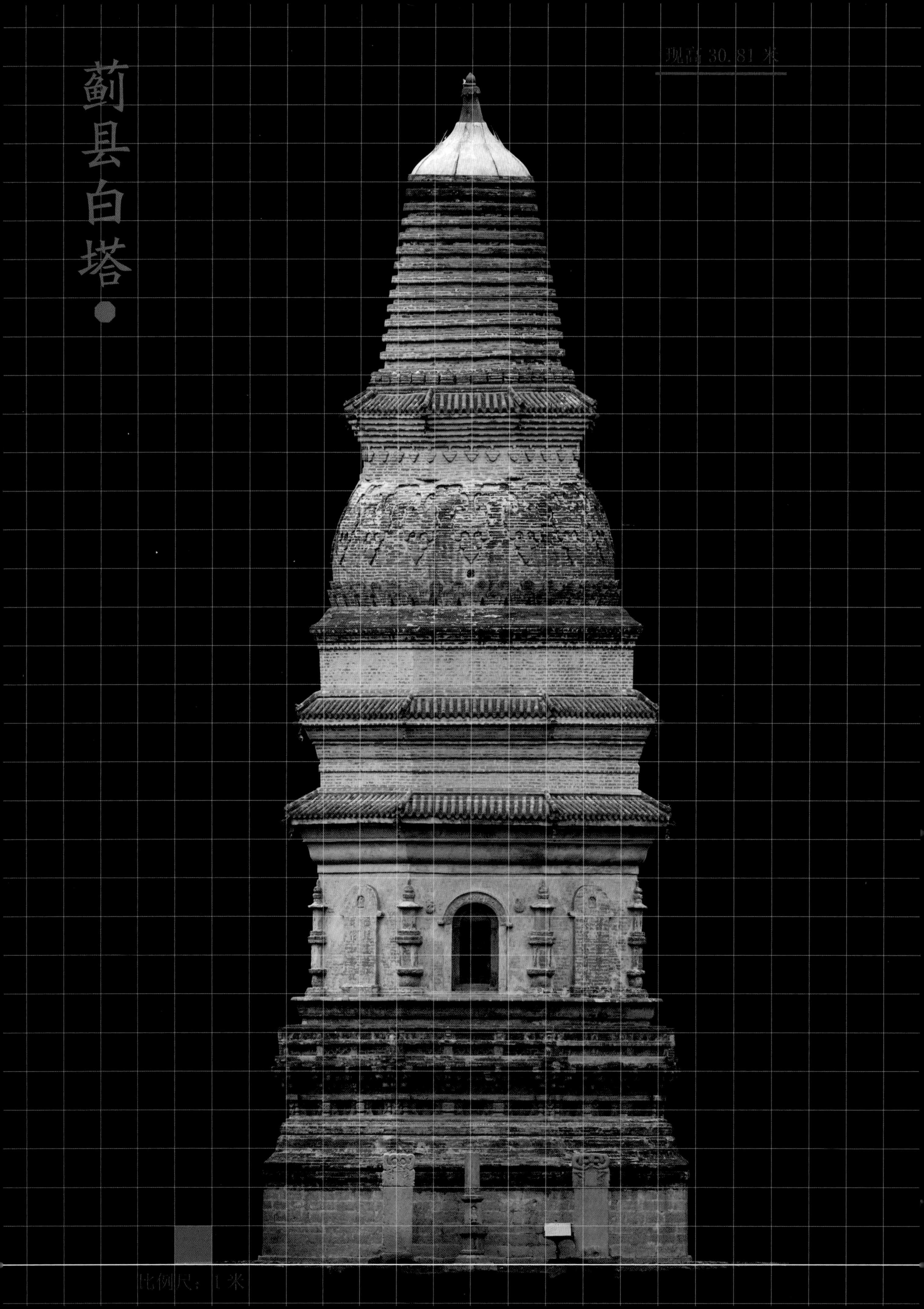
蓟县白塔
现高 30.81 米
比例尺：1 米

蓟县白塔为八角实心一层混合式砖塔，建造年代为辽道宗清宁四年（1058年），位于天津蓟县白塔寺街8号，蓟县城内西门里，独乐寺正南380米处，塔坐标东经117°23′47.79″，北纬40°02′27.15″，朝向为南向，现高30.81米，为2013年第七批全国重点文物保护单位（编号：7-0715-3-013）。

塔基为石砌，塔台束腰一层，每面均开三个壶门，门内及两侧均雕乐舞人，壶门间以蜀柱相隔，转角处均设力士像，上施普拍枋，上部为仿木平座转角铺作，补间铺作二垛，为双抄五铺作，无令栱、耍头，铺作层之上为平座勾栏。塔台上部为素砌仰莲台。

北面仰视图

西南塔台

西南无人机俯视图

东南塔身

塔身共八面，南面开圆拱券门，可通往塔心室，东西北三面均于正中开圆拱券洞，其内为双开扇假门，券顶雕花卉图案，门两侧各一砖雕飞天。其余四隅面均于正中设石碑，上书偈语。塔身转角处均设两层灵塔。塔檐共三层，为素砌莲瓣及叠涩出檐，其上为覆钵式塔顶，下接莲瓣，上饰如意云纹雕饰。

东北塔顶

东北覆钵体

南面塔檐

西面塔身

南面砖雕

南面塔台铺作

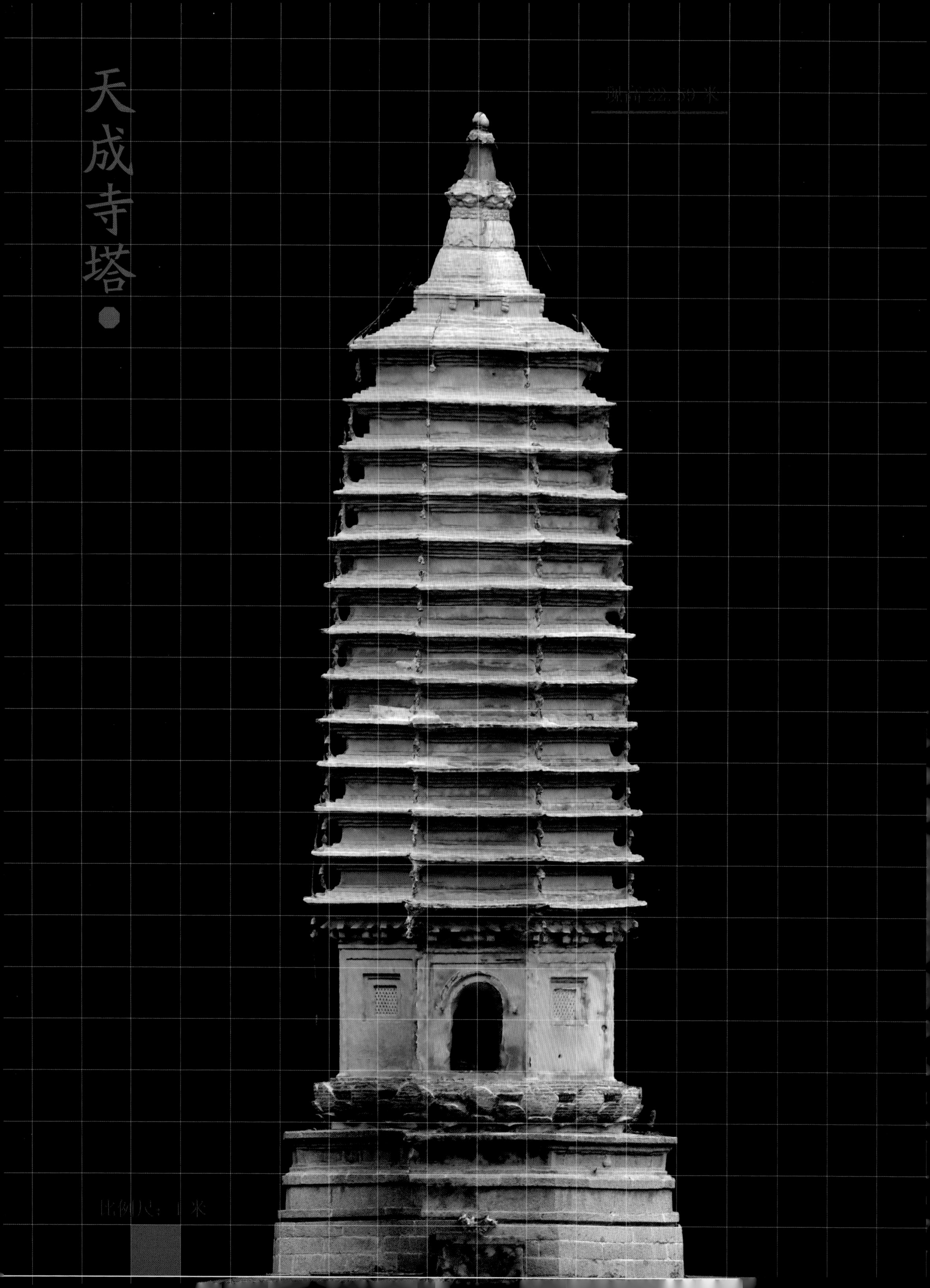
天成寺塔
现高22.59米
比例尺：1米

南面塔身仰视图

北面塔身

天成寺塔为八角空心十三层密檐砖塔（又名古佛舍利塔），始建于唐代，辽天庆年间重建，位于天津蓟县西北盘山天成寺，塔坐标东经117°15′53″，北纬40°04′58.00″，朝向为南向，高22.59米，属市级重点文物保护单位。

塔基为石砌，塔台一层束腰，每面均开一个壶门，饰以花卉图案，塔台上部为两层仰莲的砖砌莲台。

东南无人机俯视图

东南人视图

塔身通体黄色共八面，南面正中开圆拱券门，可通往塔心室。东西北三面正中设圆拱假门，其余四隅面正中均设直棱假窗。塔身转角处均设圆形倚柱，上施普拍枋，其上为仿木砖雕转角铺作，补间铺作一朵，为单抄四铺作，批竹耍头。塔檐共十三层，逐层内收，二层及以上以砖叠涩出檐。

东南檐下铺作

河北地区

圣塔院塔
永安寺塔
天宫寺塔
西岗塔
南安寺塔
兴文塔
智度寺塔
云居寺塔
伍侯塔
庆化寺花塔
佛真猞猁迦逻尼塔
双塔庵北塔
丰润药师塔

圣塔院塔
现高23.64米
比例尺：1米

圣塔院塔（又名荆轲塔）为八角十三层密檐式砖塔，建于辽天祚乾统三年（1103年），位于河北省保定市易县易州镇荆轲山村西的荆轲山上，塔坐标东经115°27′02.34″，北纬39°20′33.22″，朝向为南向，高23.64米，2006年被列为第六批全国重点文物保护单位（编号：Ⅲ－27）。

塔基为近代修筑，素砖包砌，塔台束腰两层，下层束腰呈素面，上层束腰每面浅雕壸门两个，以蜀柱分隔，转角处设雕花倚柱，其上为仿木砖雕转角铺作，补间铺作一朵，为双抄五铺作，无令栱、耍头。砖雕铺作上置平座勾栏，平座上部为三层砖雕仰莲承托塔身。

塔身八面，东西南北四面中部设半圆形券门，四隅面嵌直棂假窗，每面转角处镶经幢塔一座。塔身各面顶部雕有祥云图案，其上设普拍枋承托仿木砖雕转角铺作，补间铺作一朵，为单抄四铺作，批竹耍头。

塔檐一层铺作承托仿木出檐，二层及以上叠涩出檐，逐层减小，渐次递收。

北面无人机俯视图

东南塔身铺作

东面塔台

东面塔身

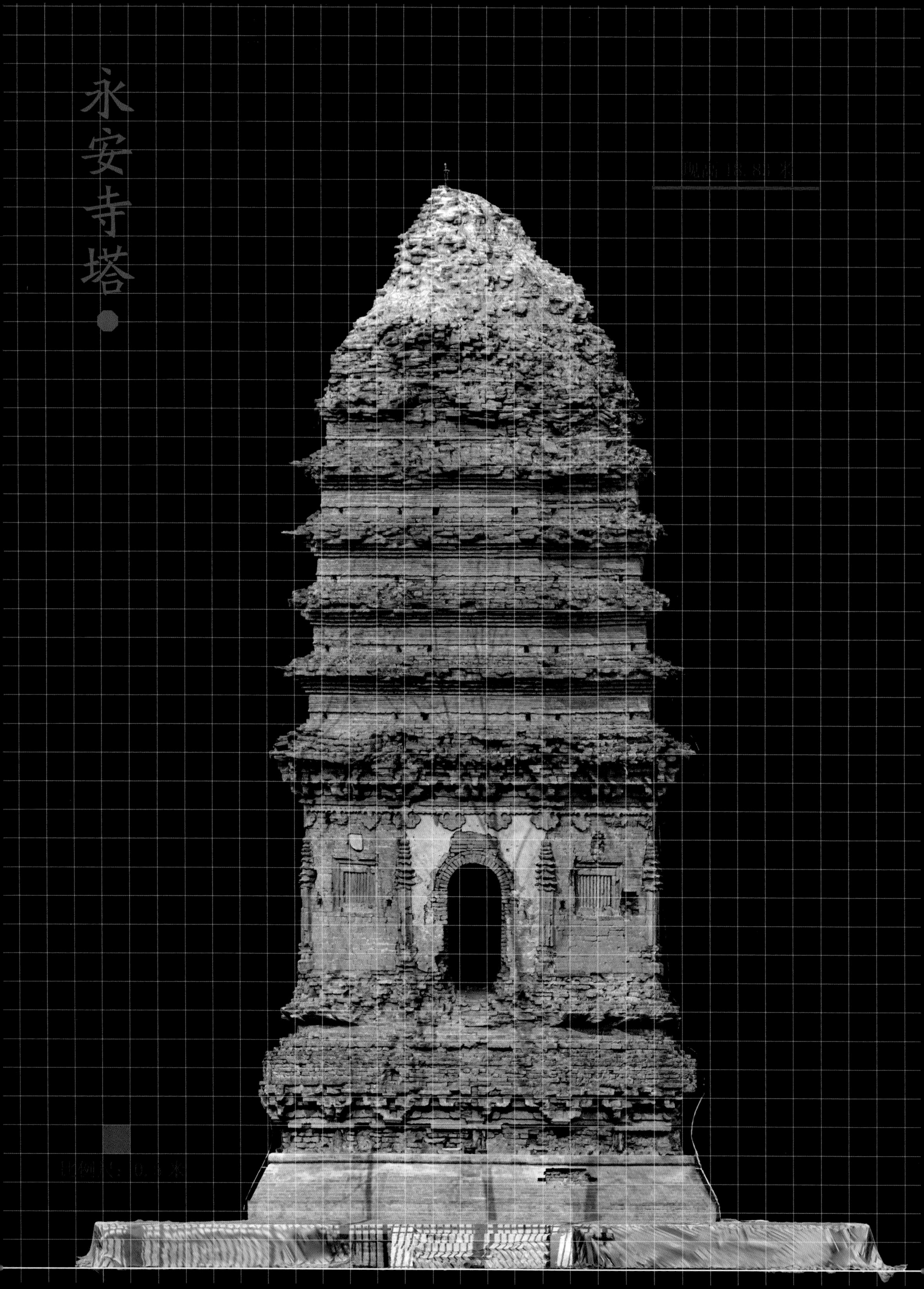
永安寺塔
现高18.88米
比例尺：0.5米

西南无人机俯视图

东南塔身铺作及石刻

东南塔台铺作

永安寺塔（又名塔儿照塔）为八角残存六层空心密檐式砖塔，建于辽代，位于河北省涿州市城东10公里刁窝乡塔照村北50米处，塔坐标东经116°05′23.54″，北纬39°29′38.05″，朝向为南向，现高18.83米，2013年被列为第七批全国重点文物保护单位（编号：7-0723-3-021）。

塔基为近代修筑，素砖包砌，塔台束腰一层无装饰，仅残存蜀柱，其上施仿木砖雕转角铺作，补间铺作一朵，为双抄五铺作，无令栱、耍头。铺作上存平座勾栏遗迹，平座上部为三层砖雕仰莲承托塔身。

塔身八面，南面中部设券洞，直通塔心室，东西北三面中部设半圆形券洞，内嵌双扇假门，券上雕有花卉图案，四隅面嵌直棂假窗，塔身各面顶部雕有祥云图案，每面转角处镶经幢塔一座，塔刹与祥云相接，其上设普拍枋承托仿木转角铺作，补间铺作一朵，为单抄四铺作，批竹耍头。

现存塔檐六层，一层铺作承托木构出檐，其余为叠涩出檐，逐层减小，渐次递收。

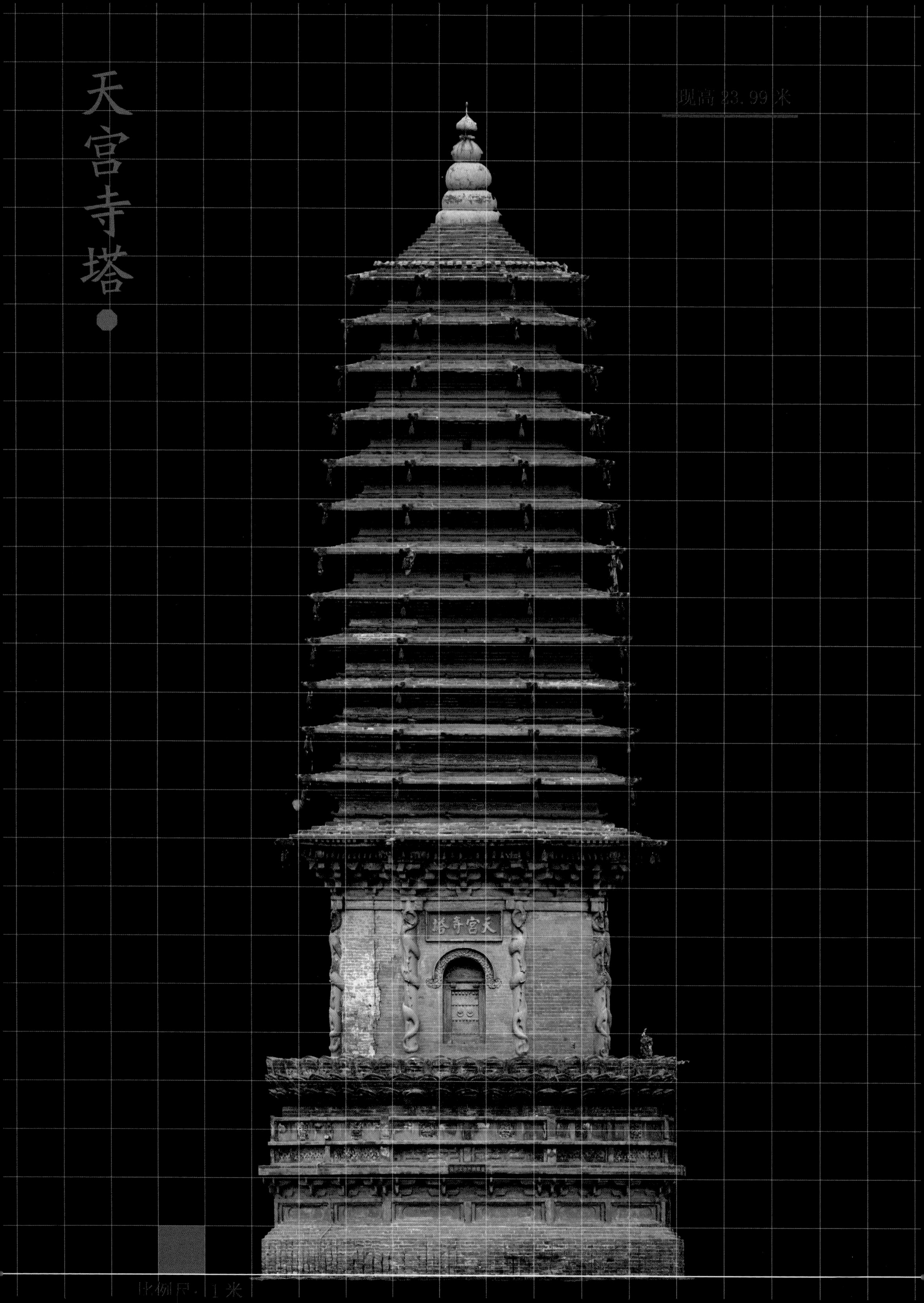
天宫寺塔
现高 23.99 米
天宫寺塔
比例尺：1 米

南面人视图

南面塔身匾额及盘龙柱

天宫寺塔为八角十三层密檐式砖塔，建于辽道宗清宁元年（1055年），位于唐山市丰润区城西南1.5公里汽车站东，塔坐标东经118°06′59.65″，北纬39°49′21.79″，朝向为南向，高23.99米，2006年被列为第六批全国重点文物保护单位（编号：Ⅲ－26）。

塔基为近代修筑，素砖包砌，塔台束腰一层，每面浅雕壶门两个，以蜀柱分隔，转角处设倚柱，其上为仿木转角铺作，补间铺作二朵，为双抄五铺作，无令栱、耍头。砖雕铺作上为平座勾栏，饰以花卉、花格等纹样，平座上部为三层砖雕仰莲，承托塔身。

东南无人机俯视图

西北塔身铺作

塔身八面，东西南北四面中部设券洞，内嵌双扇假门，券上雕有花卉图案，南北券门上置石刻牌匾，四隅面呈素面，每面转角处设盘龙倚柱，其上设普拍枋承托仿木砖雕转角铺作，补间铺作一朵，为双抄五铺作，批竹耍头。

塔檐一层铺作承托木构出檐，二层及以上叠涩出檐，逐层减小，渐次递收。

东南平座勾栏及仰莲

东面塔身

西面塔身

南面塔身

北面塔身

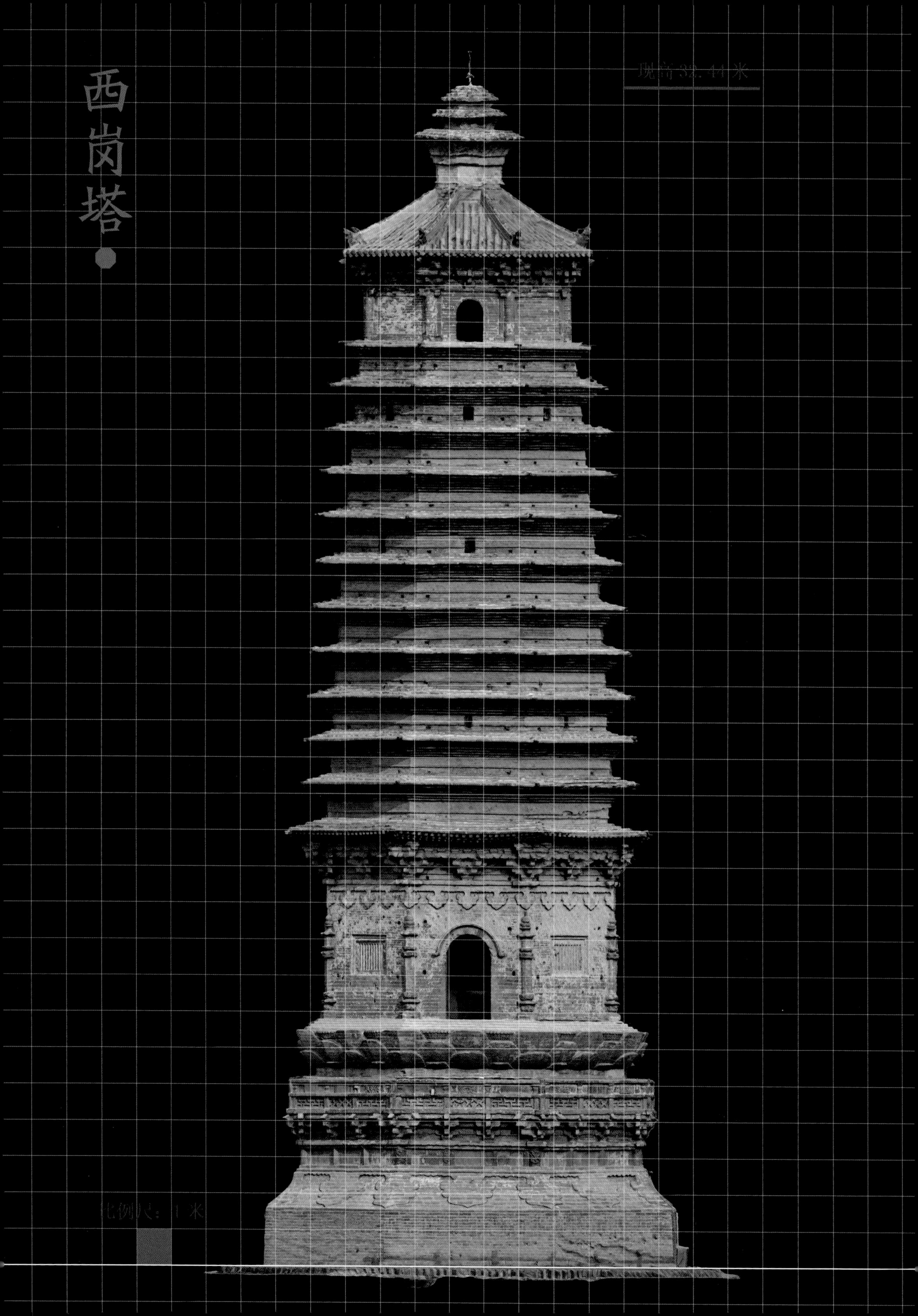
西崗塔
现高32.44米
比例尺：1米

南面无人机俯视图

西岗塔（又名涞水西岗塔）为八角十三层砖塔，形制由密檐式与楼阁式结合而成，建于辽代，位于河北省保定市涞水县城西约一公里的西岗上，塔坐标东经115°41′58.03″，北纬39°24′00.07″，朝向为南向，高32.44米，2006年被列为第六批全国重点文物保护单位（编号：Ⅲ－28）。

塔基为近代修筑，素砖包砌，上部设祥云浮雕。塔台束腰每面由蜀柱分隔为三段，转角处设倚柱，蜀柱、倚柱残存盘龙图样。其上为仿木转角铺作，补间铺作二朵，为双抄五铺作。铺作层上置平座勾栏，饰以花卉、花格等纹样，平座上部为三层仰莲承托塔身。

东南顶层阁楼

塔身八面，东西南北四面中部设半圆形券洞，直通塔心室，四隅面嵌直棂假窗。塔身各面顶部雕有祥云图案，转角处镶经幢一座，塔刹与云纹相接。其上设普拍枋承托仿木转角铺作，补间铺作一朵，为双抄五铺作，承托木构出檐。顶层为八面楼阁，东西南北四面中部设半圆形券洞，通往塔内，四隅面呈素面，转角圆形倚柱上置普拍枋承托仿木转角铺作，补间铺作一朵，为双抄五铺作，承托仿木出檐。

西北塔台

塔檐除一层与顶层外，其余均为叠涩出檐，逐层减小，渐次递收。

南安寺塔

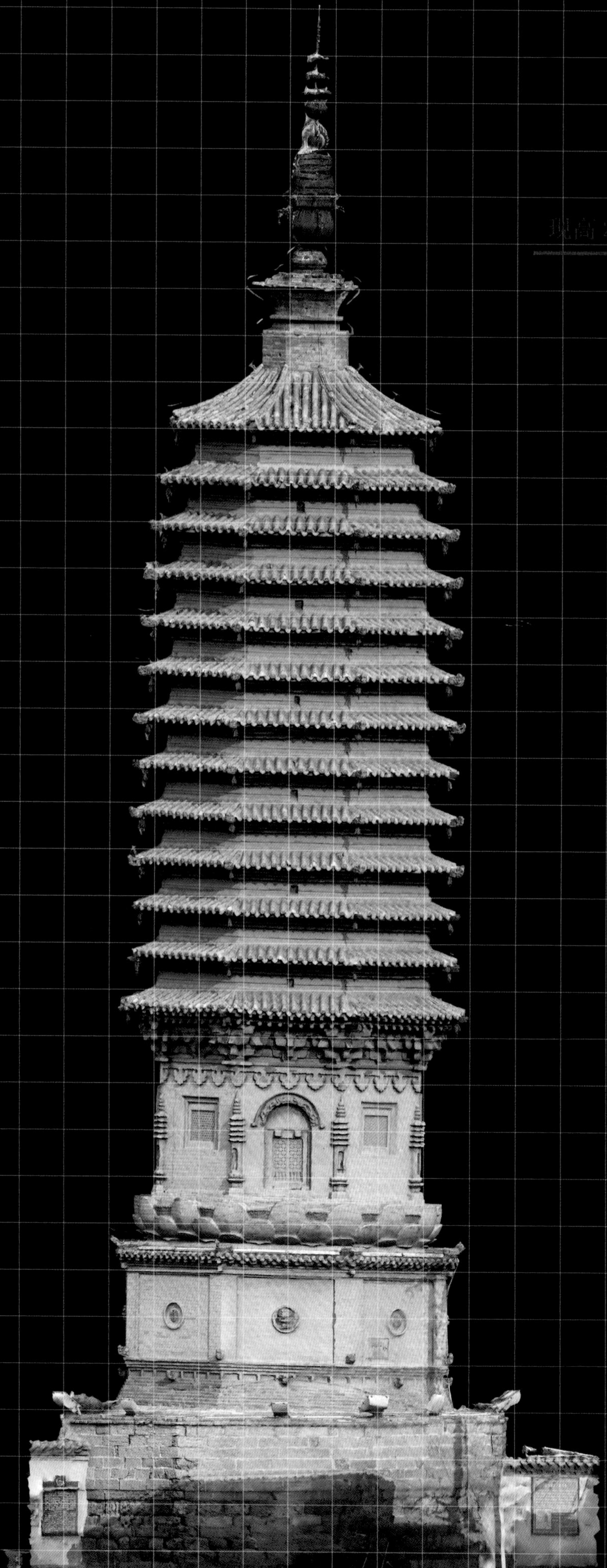

现高 28.76 米

比例尺：1米

东面塔身

西南人视图

南安寺塔（又名蔚县南安寺塔）为八角十三层密檐式砖塔，始建于北魏，重修于辽天祚天庆元年（1111年），位于河北省张家口市蔚县城西南，塔坐标东经114°33′50.99″，北纬39°50′13.85″，朝向为南向，高28.76米，2001年被列为第五批全国重点文物保护单位（编号：25）。

塔基下部由石条垒筑，高约5米。塔台两层，下层每面由蜀柱分隔为七段，中部插入瑞兽，上层高大，每面设有兽首、文字等雕刻，转角平砌壁柱，顶部仿木出檐，上置三层仰莲承托塔身。

塔身八面，东西南北四面中部设半圆形券洞，内嵌双扇假门，券上雕刻双龙戏珠图样，四隅面嵌假窗。塔身各面顶部雕有如意祥云图案，转角处镶五层密檐灵塔，塔刹与云纹相距一砖，其上设普拍枋承托仿木砖雕转角铺作，补间铺作一垛，为单抄四铺作，批竹耍头。

塔檐一层铺作承托仿木出檐，二层及以上叠涩出檐，逐层减小，渐次递收。塔刹形制完整。

东面塔台

兴文塔
现高 19.99 米
比例尺：0.5 米

东南三层塔身及平座

东南三层塔身及平座

东南三层塔身及平座

东南一层塔身

西南远眺图

兴文塔为八角五层楼阁式实心砖塔，建于辽代，位于河北省保定市涞源县兴文街拒马源广场，塔坐标东经114°41′27.09″，北纬39°21′01.96″，朝向为南向，高19.99米，2006年被列为第六批全国重点文物保护单位（编号III—29）。

塔基为近代修筑，青砖素砌。塔台束腰每面由蜀柱分隔为五段，转角处设倚柱，下层覆莲，上层仰莲，叠涩内收承塔身。

塔身八面，南面中部设圆拱券洞，直通塔心室，东西北三面中部设壁龛，四隅面嵌直棂假窗，每面转角处设八角倚柱，其上设普拍枋承托仿木转角铺作，补间铺作一朵，为双抄五铺作。二至五层每层设铺作层承托平座勾栏，补间铺作一朵，为斗口跳，勾栏高约二分之一塔身。每层东西南北四面中部可见圆拱壁龛，四隅面嵌直棂假窗，塔身形制相似。

每层置仿木叠涩塔檐，逐层减小，渐次递收。塔刹由仰莲与宝珠组成。

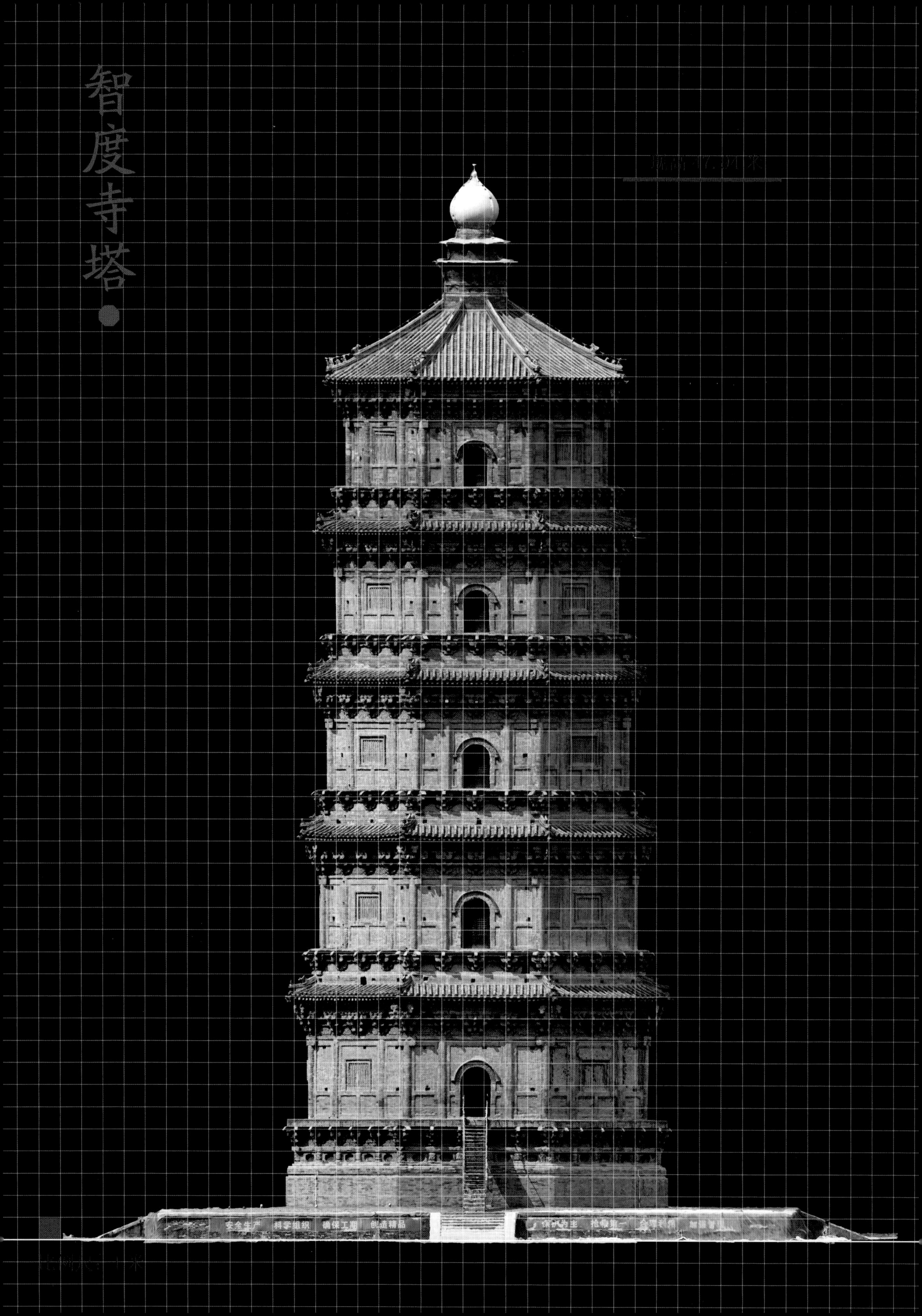
智度寺塔
现高17.94米
比例尺：1米
安全生产
科学组织
确保工期
创造精品
保护为主

20 世纪 80 年代修缮前智度寺塔老照片（来源：张汉君先生摄）

南面人视图

智度寺塔（又名河北涿州双塔南塔）为八角五层楼阁式砖塔，建于辽圣宗太平十一年（1031年），位于河北省涿州市城内东北隅。塔坐标东经115°57′58.53″，北纬39°29′44.88″，朝向为南向，高47.94米，2001年被列为第五批全国重点文物保护单位（编号：24）。

塔基两层为近代修筑，青砖素砌。塔台束腰一层，每面开壶门五个，以蜀柱分隔，转角处设倚柱，其上为仿木砖雕转角铺作，补间铺作四朵，为双抄五铺作，无令栱、耍头，铺作间栱眼壁雕刻人物、花卉图样。铺作层上置平座承托塔身。

东北塔台细部

北面无人机俯视图

南面一层塔身

塔身八面，东西南北四面中部设半圆形券洞，直通塔心室，洞内嵌双扇木门，券上雕刻花卉植物图样，四隅面嵌直棂假窗，每面转角处设圆形倚柱，其上设普拍枋承托仿木砖雕转角铺作，补间铺作三朵，各层铺作种类繁多。塔身每层设铺作层承托平座，形制相似。

每层铺作承托仿木出檐，铺作间栱眼壁雕刻人物、花卉图样。塔顶为八角攒尖顶，塔刹由双层砖雕仰莲与宝珠组成。

南面二层塔身及平座

南面三层塔身及平座

南面四层塔身及平座

南面五层塔身及平座

南面一层塔身铺作

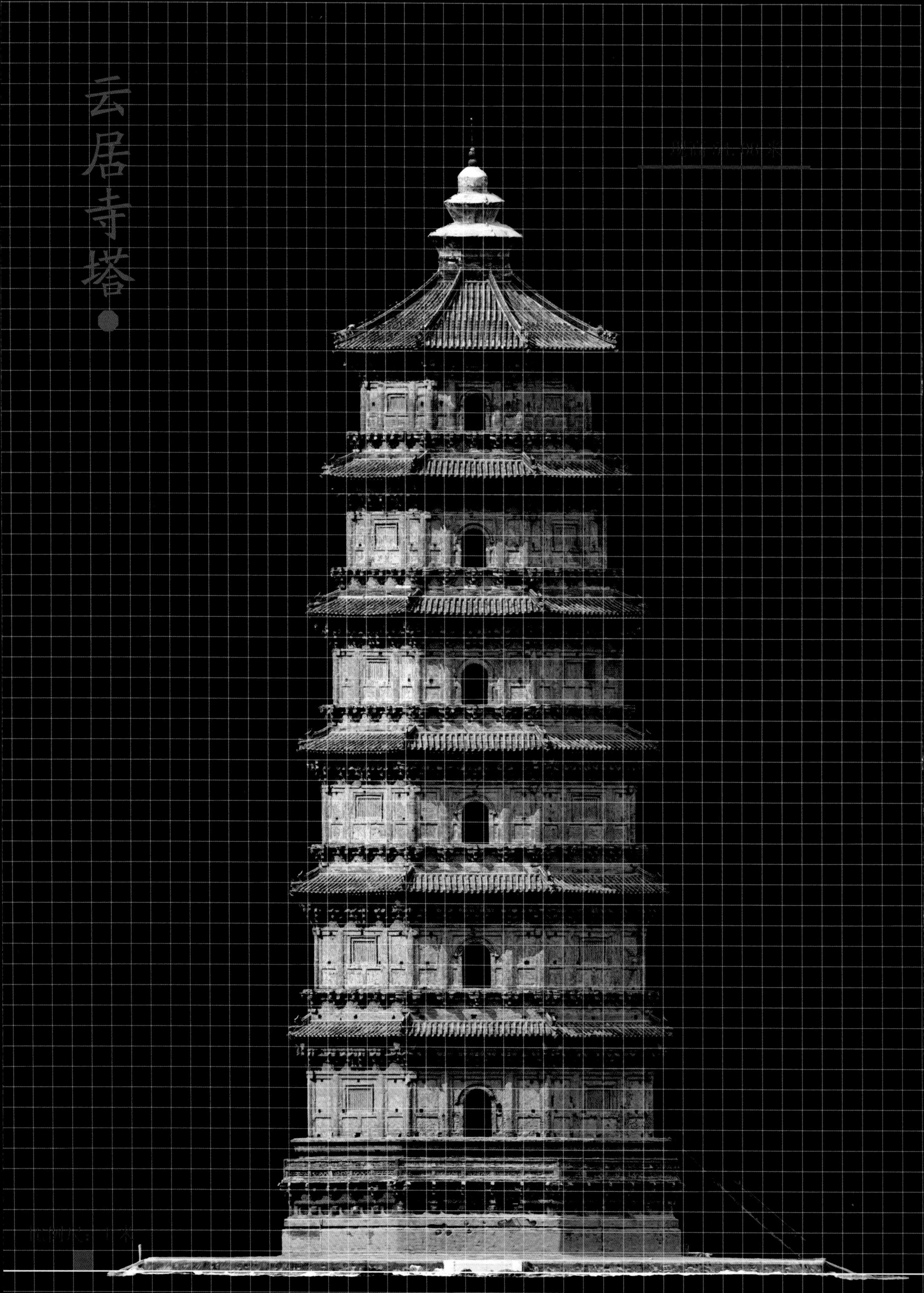
云居寺塔
比例尺：1米

20世纪80年代修缮前云居寺塔老照片（来源：张汉君先生摄）

北面人视图

东北一层转角及二层平座铺作

云居寺塔（又名河北涿州双塔北塔）为八角六层楼阁式砖塔，建于辽道宗大安八年（1092年），位于河北省涿州市城内东北隅，塔坐标东经115°57′57.22″，北纬39°29′54.61″，朝向为南向，高54.08米，2001年被列为第五批全国重点文物保护单位（编号：24）。

塔基两层为近代修筑，青砖素砌。塔基束腰一层，每面开壶门五个，以蜀柱分隔，转角处设倚柱，其上为仿木砖雕转角铺作，补间铺作四朵，为双抄五铺作，铺作间栱眼壁雕刻人物、花卉图样。铺作上部为平座勾栏，其上置素砌仰莲以承托塔身。

西北无人机俯视图

西面塔台细部图

塔身八面，东西南北四面中部设半圆形券洞，直通塔心室，洞内嵌双扇木门，券上雕刻卷草纹样，四隅面嵌直棂假窗，每面转角处设圆形倚柱，其上设普拍枋承托仿木砖雕转角铺作，补间铺作三垛，为双抄五铺作，铺作间栱眼壁雕有花卉植物图案。塔身每层设平座承托，形制相似。

塔檐每层铺作承托仿木出檐，逐层减小，渐次递收。塔顶为八角攒尖顶，塔刹由双层素砌仰莲与宝珠组成。

西面一层塔身及平座

西面二层塔身及平座

西面三层塔身及平座

西面四层塔身及平座

西面五层塔身及平座

西面六层塔身及平座

伍侯塔

现高17.15米

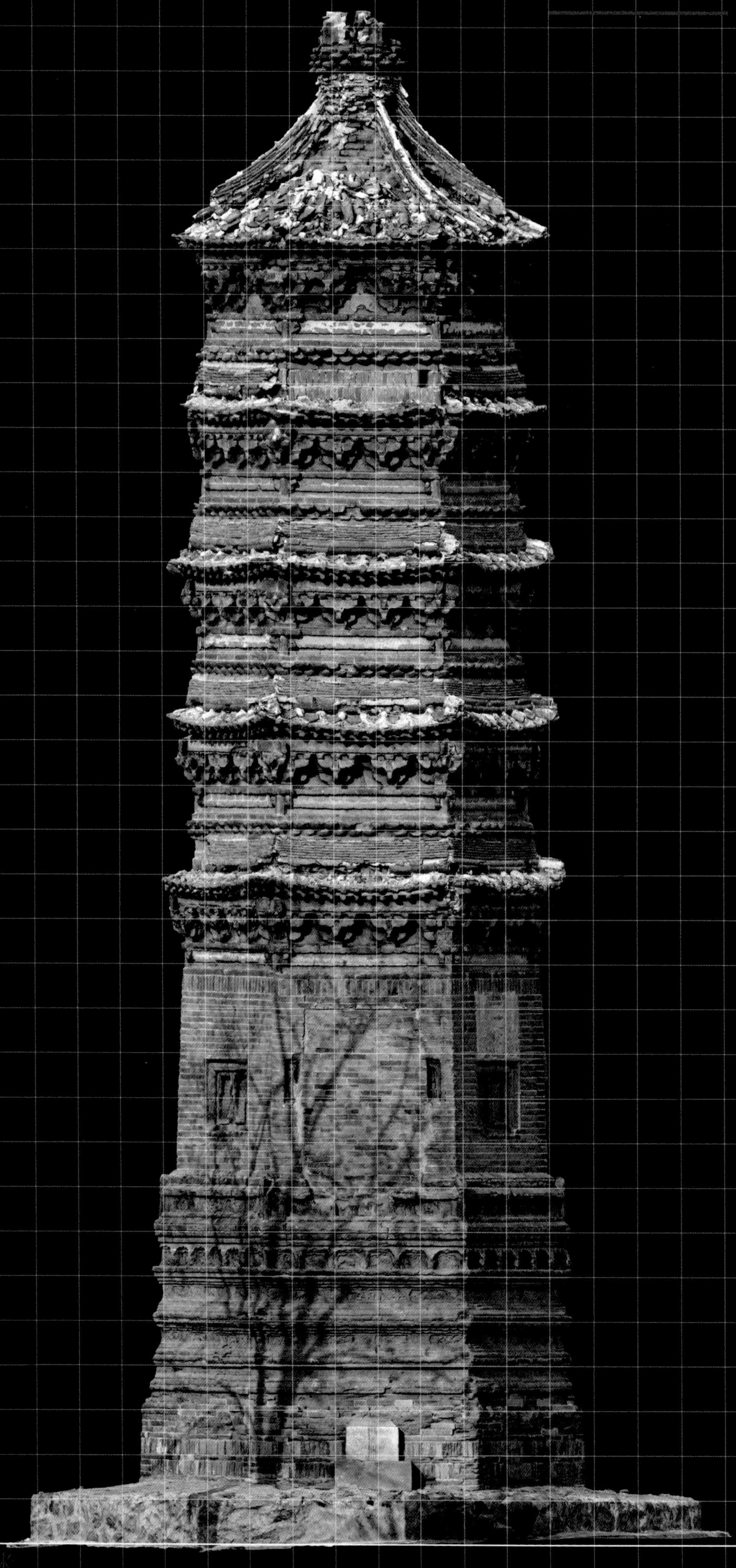

比例尺：0.5米

东北无人机俯视图

伍侯塔为六角五层空心密檐式砖塔，建于辽代，位于河北省保定市顺平县城东北15公里腰山乡南伍侯村西北隅，塔坐标东经115°15′42.31″，北纬38°53′54.01″，朝向为南向，高17.13米，2013年被列为第七批全国重点文物保护单位（编号：7-0724-3-022）。

塔基为近代修筑，青砖素砌。塔台束腰三层，下中两层束腰雕刻花卉植物图样，上层束腰每面开壸门六个，菩提叶雕刻分隔，上置仰莲三层叠涩收至平座勾栏，内有花卉、人物雕饰。

塔身六面，南面中部残留券洞及两侧壁龛痕迹，北面中部嵌双扇假门，两侧设壁龛，内镶造像，其余各面嵌假窗。塔身上承普拍枋置仿木转角铺作，补间铺作二朵，为双抄五铺作。各层塔身均设基座、仰莲，转角施方形倚柱，上设普拍枋置转角铺作，补间铺作二朵，为双抄五铺作，无令栱、耍头。各层仿木出檐，逐层减小，渐次递收。

东南三层塔身及铺作

东南塔台细部图

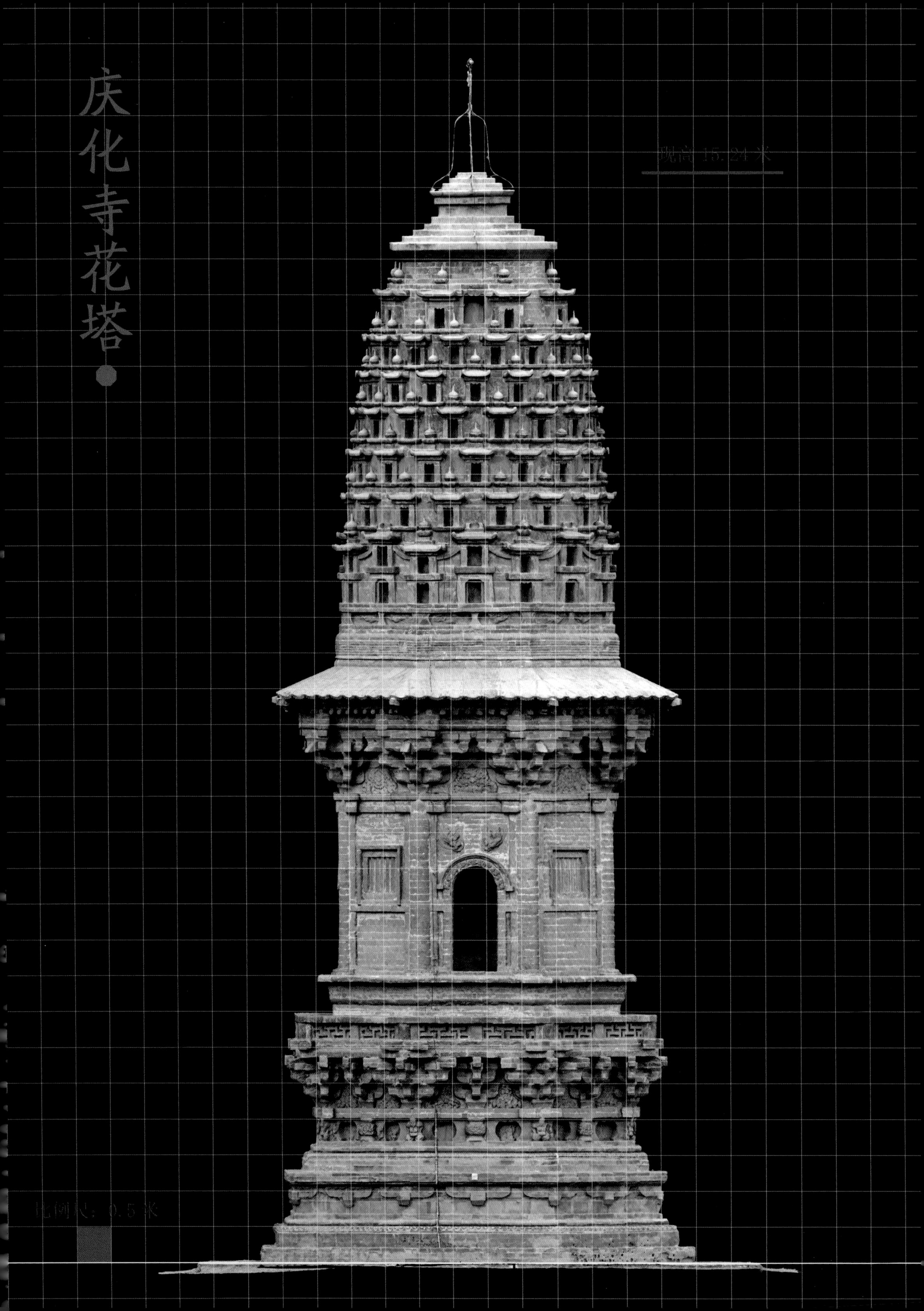
庆化寺花塔
现高 15.24 米
比例尺：0.5 米

西北无人机俯视图

庆化寺花塔为八角花塔，建于辽代，位于河北省保定市涞水县北洛平村北 2.5 公里的龙宫山南麓。塔坐标东经 115°34′55.95″，北纬 39°28′51.96″，朝向为南向，现高 15.24 米，为 2001 年第五批全国重点文物保护单位（编号：29）。

塔基两层为近代修筑，素砖包砌，塔台下大上小束腰两层，下层束腰设栌斗承泥道栱，形制特殊。上层束腰每面开壶门两个，门内及两侧设造像，束腰转角设力士倚柱，其上为仿木转角铺作，补间铺作一朵，为双抄五铺作，无令栱、耍头。铺作间栱眼壁雕有花卉植物图案。砖雕铺作上部为平座勾栏，其上部为素砌仰莲以承塔身。

西南塔身仰视图

塔身八面，东西南北四面中部设半圆形券洞，直通塔心室，券上镶花卉植物图样，上部设飞天造像一对，四隅面嵌直棂假窗。塔身每面转角处设八角倚柱，上承普拍枋，普拍枋上为仿木转角铺作，为双抄五铺作，铺作间栱眼壁雕刻花卉图样，无补间铺作。

塔顶七层，每层小塔若干。一层、二层组合为楼阁形式，以上各层则由小塔交错布置逐层递收，一至七层均设十六个，八层八个。各层间以带状莲瓣分隔。

东南塔台细部

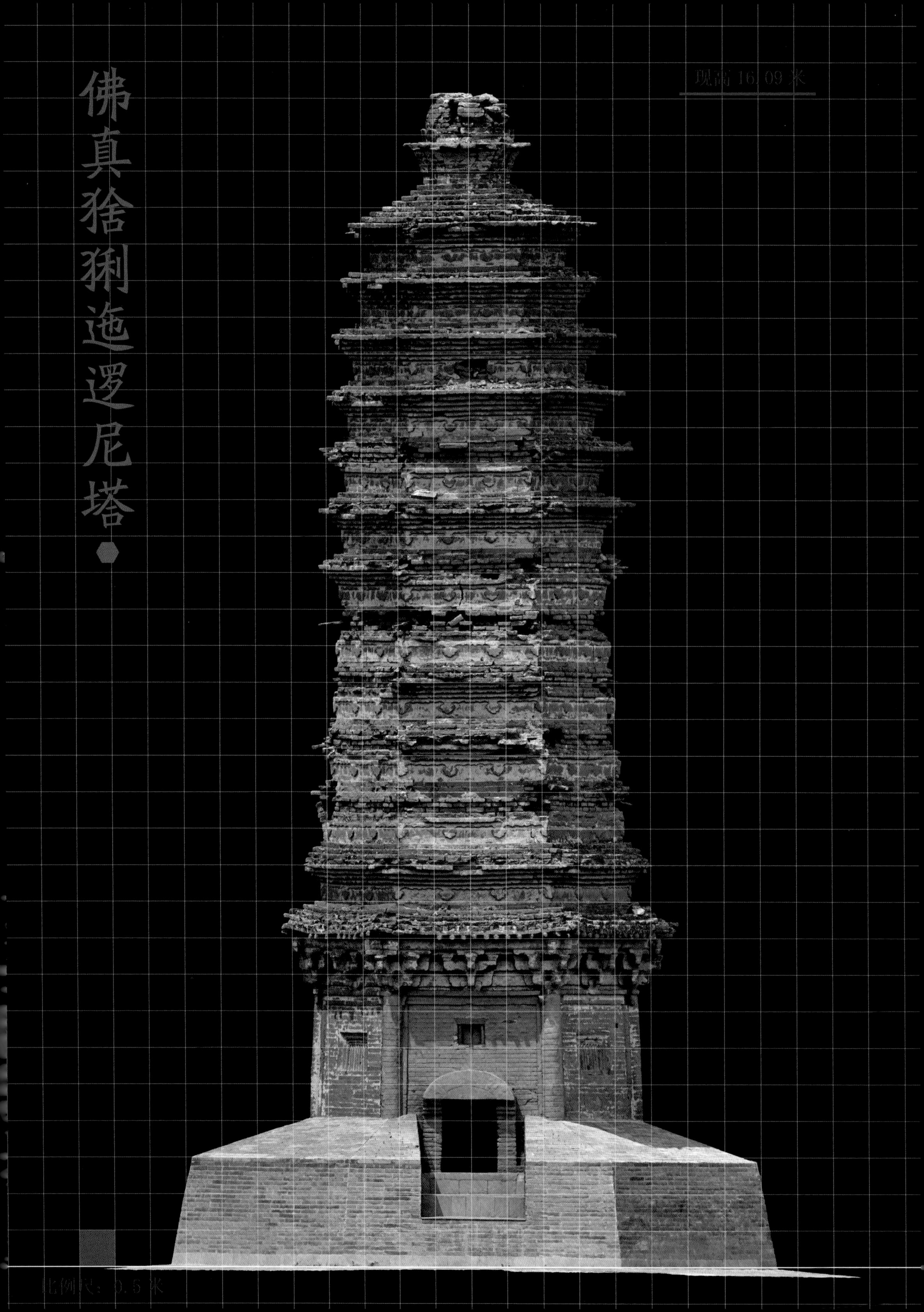
佛真猞猁迤逻尼塔
现高 16.09 米
比例尺：0.5 米

东南无人机俯视图

南面一至三层塔檐

北面仰视图

佛真猞猁迤逻尼塔（又名河北宣化迤逻尼塔）为六角十三层空心密檐式砖塔，建于辽天祚天庆七年（1117 年），位于河北省张家口市宣化县城西南 20 公里处塔儿村乡塔儿村。塔坐标东经 114° 52′45. 26″，北纬 40° 35′24. 78″，朝向为南向，现高 16. 09 米，2013 年被列为第七批全国重点文物保护单位（编号：7-0721-3-019）。

塔基、塔台为近代修筑，素砖包砌，塔檐未经修缮，上部原制较完整，中、下部残损严重。

塔身六面，南面中部设圆拱券洞，直通塔心室，券洞上设一小龛，北面中部设券门，其余四面嵌直棂假窗，每面转角处设八角形倚柱，其上设普拍枋承托仿木转角铺作，补间铺作一垛，为双抄五铺作，无令栱、耍头。

塔檐一层铺作承托仿木出檐，二层及以上叠涩出檐，檐下每面雕刻云纹两垛。

双塔庵北塔

现高 16.42 米

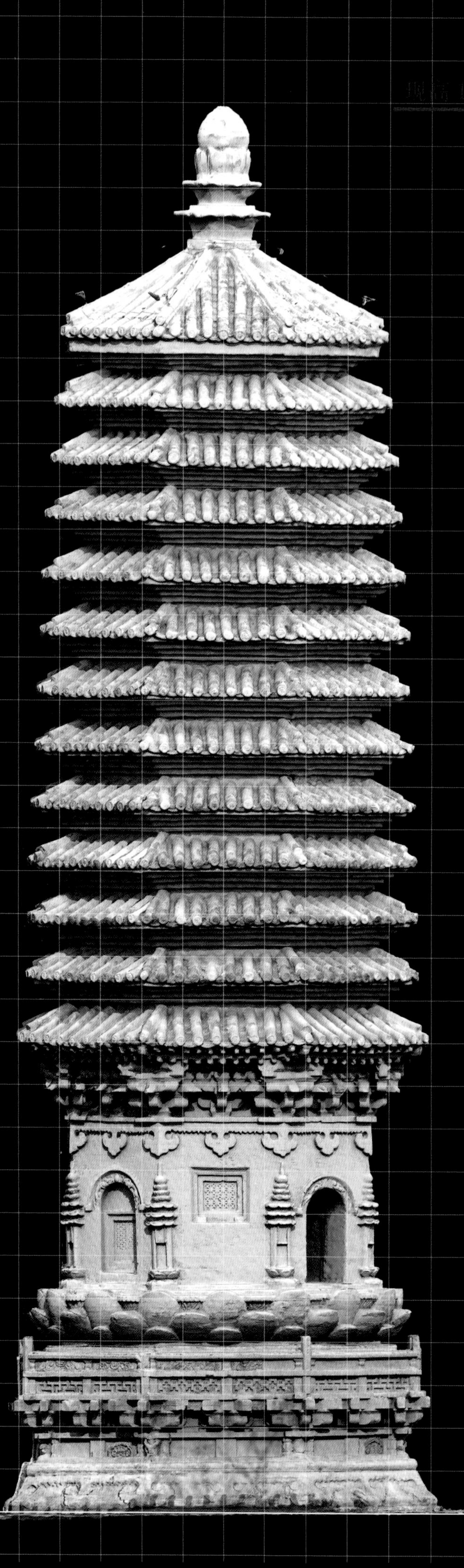

比例尺：0.5 米

双塔东面无人机俯视图

西南塔身及仰莲

塔心室铺作仰视图

双塔庵北塔（又名太宁寺双塔北塔）为八角十三层空心密檐式砖塔，建于辽代，位于河北省保定市易县清西陵陵区北云蒙山中，太宁寺村西北1.5公里处的半山腰。塔坐标东经115°14′36.30″，北纬39°23′31.97″，朝向为南向，高16.42米，2013年被列为第七批全国重点文物保护单位（编号：7-0728-3-026）。

塔台束腰下饰云纹，每面开壸门两个，部分门内有花卉雕刻遗存，壸门以蜀柱分隔，转角处设雕花倚柱外镶力士，其上为仿木转角铺作，补间铺作一朵，形制特殊，铺作上部为平座勾栏，上置三层仰莲以承塔身。

塔身八面，东面中部设半圆形券洞，直通塔心室，西北南三面设半圆形券洞，洞内嵌假门，四隅面嵌假窗。塔身各面顶部雕有如意祥云图案，其上设普拍枋承托仿木转角铺作，补间铺作一朵，为单抄四铺作。塔身转角均有五级密檐式灵塔，塔刹与云纹相隔一砖。

一层以上叠涩出檐，逐层减小，渐次递收。塔顶为八角攒尖顶，塔刹双层素砌仰莲与宝珠相接。

丰润药师塔

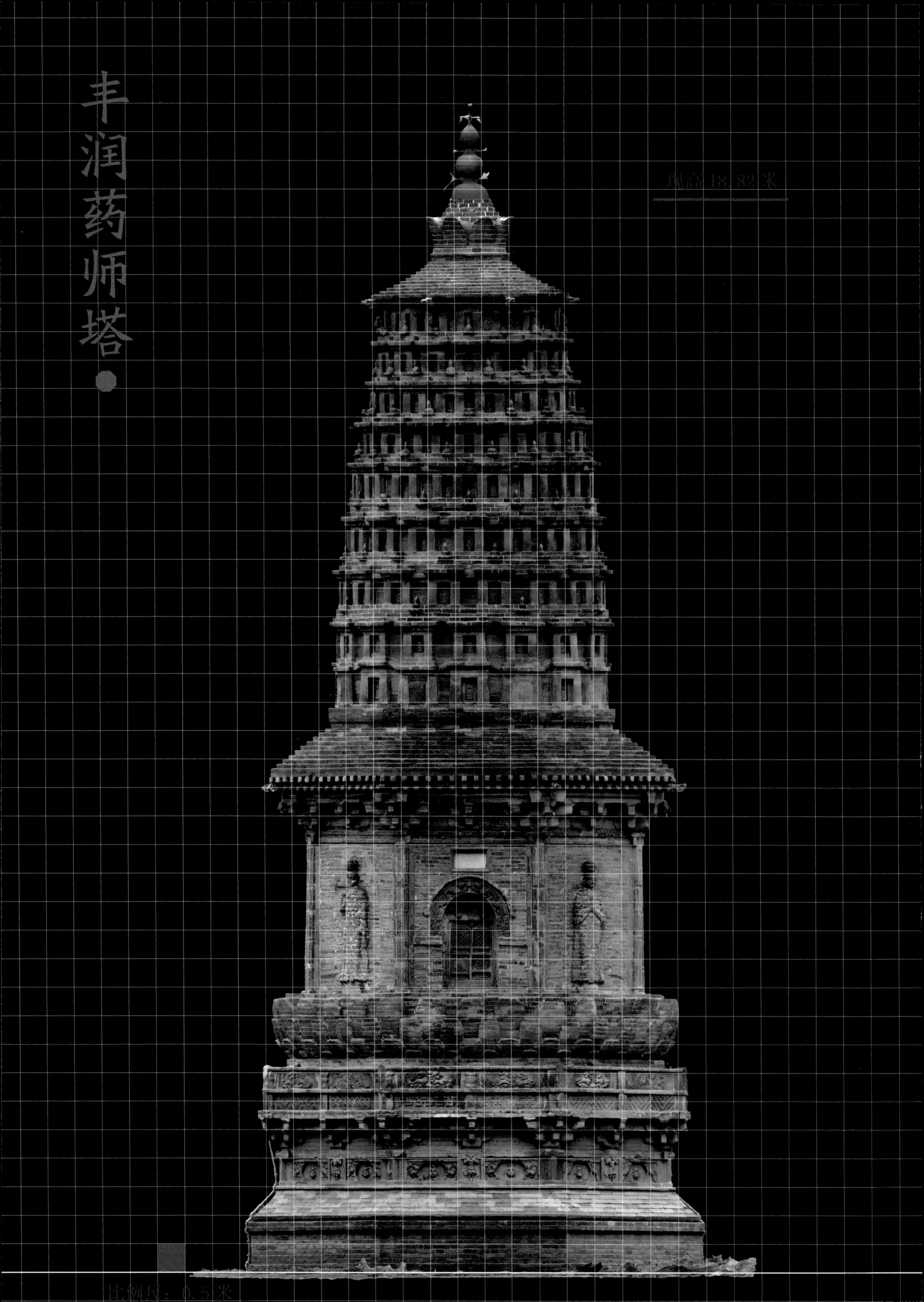

西北塔台

东南塔冠

丰润药师塔（又名河北丰润车轴山花塔）为八角一层花塔，建于辽道宗重熙元年(1032年)，位于河北省唐山市丰润区城南十公里车轴山顶无梁阁一侧。塔坐标东经118°06′17.00″，北纬39°44′05.00″，朝向为南向，高18.82米，2006年被评为全国重点文物保护单位。

塔基为近代修筑，素砖包砌，塔台束腰一层每面开壸门两个，门内设造像一个，两层雕刻动物图样，壸门间以力士蜀柱分隔，束腰转角设倚柱，其上为仿木转角铺作，补间铺作一垛，为双抄五铺作。砖雕铺作上部为平座勾栏，装饰繁多，其上置三层仰莲以承塔身。

南面无人机俯视图

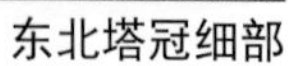

东北塔冠细部

东南塔台铺作

塔身八面，东西南北四面中部设半圆形券洞，内嵌双扇假门，券上刻花卉与双龙戏珠图样，四隅面中部设造像。塔身每面转角处设八角倚柱，上承普拍枋，普拍枋上为仿木转角铺作，补间铺作一朵，为双抄五铺作，无令栱、耍头。

塔顶九层，每层小塔若干，塔内设造像一个，一层为复合楼阁形式，两层以上则由小塔交错布置逐层递收，各层小塔塔檐以叠涩退檐。

东面塔身

西面塔身

西北塔身

内蒙古地区

万部华严经塔
辽释迦佛舍利塔
五十家子塔
上京南塔
上京北塔
大明塔
静安寺塔
半截塔
武安州塔

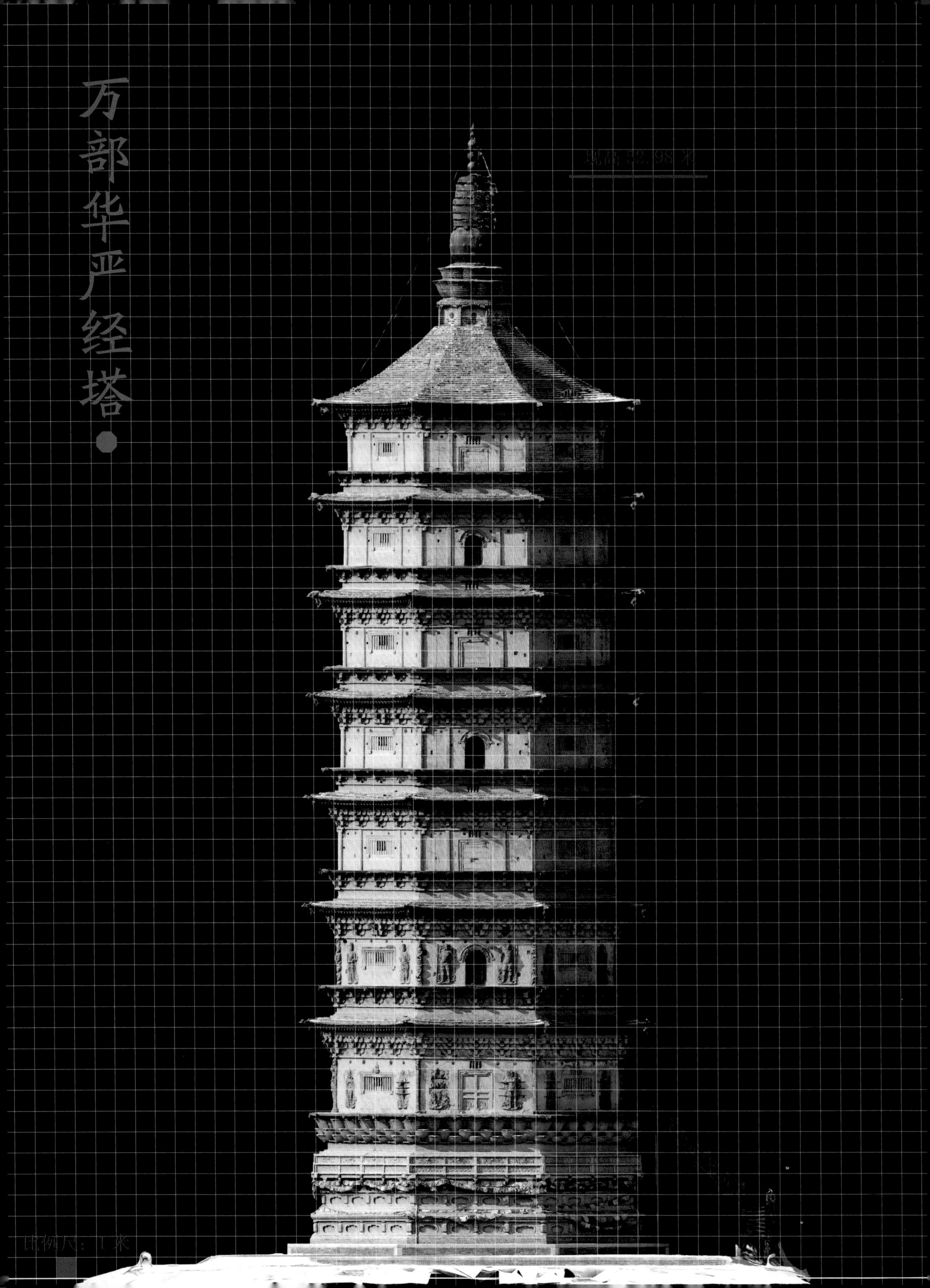
万部华严经塔
现高 52.98 米
比例尺：1 米

东北无人机俯视图

万部华严经塔为八角空心七层楼阁砖塔，建于辽圣宗时期，但另有考评说为道宗时建，位于内蒙古呼和浩特市赛罕区太平庄乡白塔村丰州故城内西北角，塔坐标东经111°52′48.45″，北纬40°50′12.53″，朝向为南向，现高52.98米，为1982年第二批全国重点文物保护单位（编号：3）。该塔通体为砖木混合砌筑。

塔基两层为素砖包砌，塔台两层束腰，下层束腰每面均开四个壶门，门内雕饰内容不存，壶门间以蜀柱相隔，转角处均设有倚柱。上层束腰略内收，形制与下层一致，其上为仿木砖雕铺作，补间铺作三垛，为双抄五铺作，无令栱、耍头，上为平座勾栏，饰以“卍”字纹及花卉。塔台上部为四层仰莲的莲台承托塔身。

该塔共七层，各层收分甚微，一层塔身八面，南北两面于正中开圆拱券门，东西面设方形假门，各门两侧设一力士像，南面塔身上部有一石碑，上书“万部华严经塔”。其余四隅面均于塔身中部设直棱窗，其上方有一体型较小的坐佛趺坐于莲台之上，窗两侧各一胁侍。

二层塔身东西两面于正中开圆拱券门，南北面设方形假门，门上方开一较小直棱真窗，其余四隅面均设直棂窗，窗两侧各一胁侍。一层、二层塔身转角处均设蟠龙倚柱，上施普拍枋，其上为仿木砖雕铺作，补间铺作三垛，为双抄五铺作，各层铺作第二跳华栱为木制。

西南二层力士雕像

单数(一、三、五、七)层塔身东西面正中开圆拱券门，南北面设其余四隅面均于塔身中部设直棱窗。

双数（二、四、六）层塔身东南西北四面均于正中设双开扇假门，门上方开一较小直棱真窗，其余四隅面均于塔身中部设直棱窗。三至七层塔身转角处均设方形倚柱，上施普拍枋，其上为仿木砖雕转角铺作，补间铺作三朵，为双抄五铺作。塔身每面券门及直棂窗两侧均设有倚柱，承接上部补间铺作。

该塔二至七层塔身之下均设平座，其下施仿木砖雕转角铺作，补间铺作三朵，为双抄五铺作，无令栱、耍头，部分为斗口跳。塔身每面均设四面铜镜。该塔内部以阶梯相连可攀至七层。

各层出檐为叠涩出檐。该塔结构砖木结合，形制独特，外部铺作及装饰内容繁多，内部结构、楼梯、采光、通风的设置巧妙。

南面人视图

西南二层造像

南面二层力士雕像

东南七层塔身

东面五层塔身

南面一层塔身及仰莲

辽释迦佛舍利塔

辽释迦佛舍利塔（又称庆州白塔）为砖木结合八角空心七层楼阁式砖塔，建于辽兴宗重熙十六年（1047年），位于内蒙古赤峰市巴林右旗索博日嘎（白塔子）镇北约5公里，辽庆州古城遗址西北角。塔坐标东经118°30′48.67″，北纬44°12′08.06″，朝向为南向，现高64.74米，为1988年第三批全国重点文物保护单位(编号：18)。

砖砌塔基，塔台有一层束腰，每面开六个壶门，门内雕饰内容多已不存，壶门间以蜀柱相隔。塔台上部为两层仰莲的莲台。

南面二层

西南俯视庆州城及庆州白塔

南面人视图

塔身共七层，逐层内收。各层塔身各面均由两柱三间的仿木结构组成。东南西北四面明间均开圆拱券洞，内有木门，次间内各一力士像浮雕。

一层塔身四隅面明间均设直棱假窗，窗下雕有雕饰，窗上方设华盖砖雕，华盖两侧各一飞天。次间各嵌三层灵塔，其上华盖与两飞天。

二层塔身四隅面设四座重檐灵塔于浅龛内，明间两座，上有蟠龙雕饰，次间各一座，上有飞天雕饰。

三至七层塔身四隅面设三座重檐灵塔于浅龛内，明间一座，两侧各一侍胁，上雕有如意云纹雕饰，次间各一座。三至四层明间塔两侧各一罗汉像浮雕，五至七层明间塔两侧设云纹。

二至七层塔身下均设平座，平座下施转角铺作，补间铺作三朵，为双抄五铺作。

各层塔身转角处均设圆形倚柱，其余两柱为八角形，上施普拍枋，上部为仿木砖雕转角、柱头、铺作，补间铺作一朵，为双抄五铺作，铺作之间栱眼壁均雕花卉图案。

各层出檐为瓦垄收退出檐，顶置镏金铜人扶持刹链，佑护塔刹。

南面塔刹

东面四层塔身

东南四层塔身

西面四层塔身

西北四层塔身

南面四层塔身

西南四层塔身

北面四层塔身

东北四层塔身

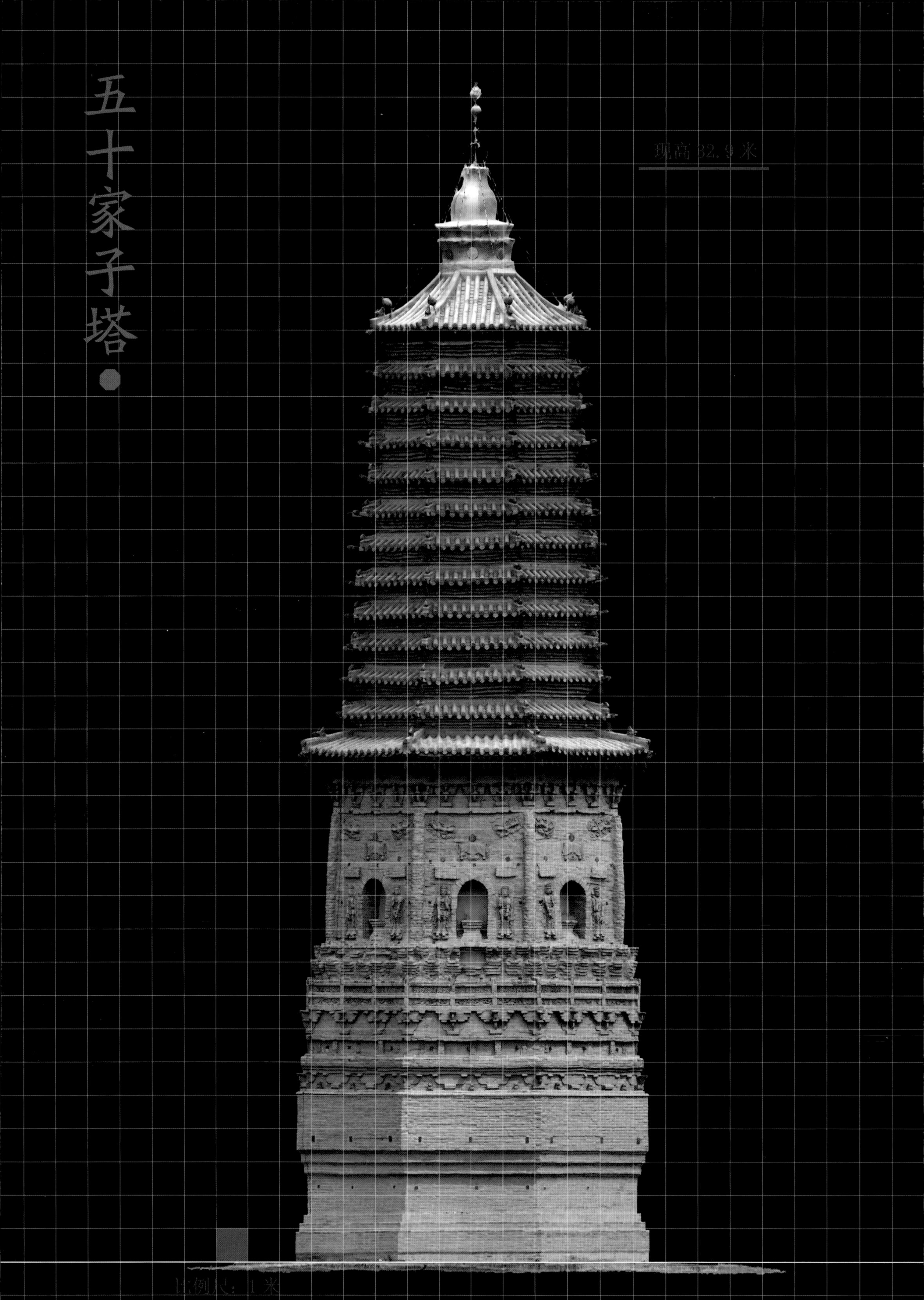
五十家子塔
现高32.9米
比例尺：1米

南面塔身

东南无人机俯视图

五十家子塔为八角实心十三层密檐砖塔，建造年代为辽代，位于内蒙古赤峰市敖汉旗玛尼罕乡五十家子村西，辽代降圣州城址遗址内，塔坐标东经120°03′02.21″，北纬42°29′43.16″，朝向为南向，现高32.9米，为2013年第七批全国重点文物保护单位。该塔通体为砖筑。

塔基为素砖包砌，中部为多层砖叠涩内收而成的束腰。塔台有两层束腰，下层束腰转角处均设仿木转角铺作，补间铺作二朵，每朵铺作之间栱眼壁均有壶门兽一只，束腰上下设仰莲、覆莲雕饰。上层束腰每面均开四个壶门，门间以蜀柱相隔，内残存少量砖雕，每面转角两侧各设一力士像，束腰下部设覆莲雕饰。束腰上施普拍枋，其上为仿木砖雕转角铺作，补间铺作二朵，为双抄五铺作，无令栱、耍头。砖雕铺作上部为平座勾栏。塔台最上部为两层仰莲的莲台，以承托上部塔身，南面莲台正中嵌一塔铭。

西北塔身铺作

西南塔台仰莲、铺作

塔身八面均于正中开圆拱券门，门两侧各设一胁侍，券门上方设一壶华盖，华盖上方两侧各一飞天。塔身转角处均设圆形倚柱，上施普拍枋，上部为仿木砖雕转角铺作，补间铺作三朵，为双抄五铺作，无令栱、耍头。塔身每面均设三面铜镜。塔檐共十三层，逐层内收，二层及以上为砖叠涩出檐，塔檐每面均设三面铜镜。

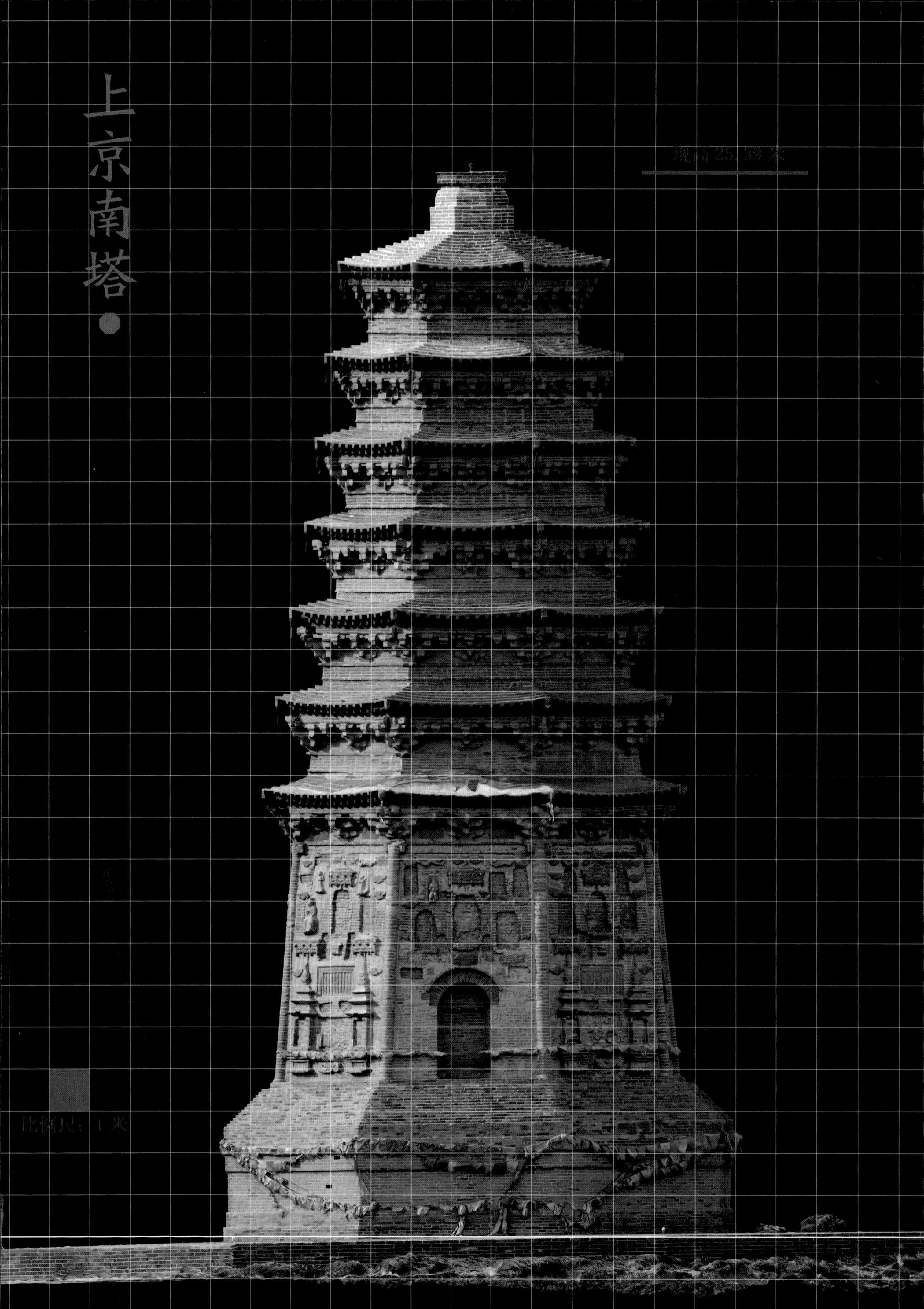
上京南塔
现高 25.39 米
比例尺：1 米

南面无人机俯视图

南面塔身造像

上京南塔为八角空心七层密檐砖塔，建造年代为辽代，位于内蒙古赤峰市巴林左旗林东镇辽上京遗址南约5公里的塔子沟石盆山上，塔坐标东经119°23′30.71″，北纬43°55′24.43″，朝向为南向，现高25.39米，为1961年第一批全国重点文物保护单位(编号：24)。该塔通体为砖筑。

塔基为素砖包砌，塔台多层砖叠涩内收。塔身八面，东南西北四面均于正中开圆拱券洞，内设砖砌假门，塔身正上方设砖雕华盖。其余四隅面正中设直棂假窗，窗两侧均置一座三层灵塔，窗及灵塔上方均设华盖砖雕。塔身八面正中均设一坐佛趺坐于莲台之上，另有繁多砖雕佛像、胁侍、飞天嵌于塔身。塔身转角处设圆形倚柱，上施普拍枋，上部为仿木砖雕转角铺作，补间铺作三朵，为双抄五铺作，无令栱、耍头。

塔檐共七层，逐层内收，檐下均设铺作，与一层檐下铺作形制一致。

南面塔檐铺作

老照片*

上京北塔
现高12.82米
比例尺：0.5米

东面无人机俯视图

老照片 *

上京北塔为六角形实心五层密檐式砖塔，建造年代为辽代，位于内蒙古赤峰市巴林左旗林东镇辽上京遗址北面约1公里北山坡上，塔坐标东经119°22′46.54″，北纬43°58′39.80″，朝向为南向，现高12.82米，为1961年第一批全国重点文物保护单位(编号：24)。该塔原型残损严重，现为后期修复。

塔基、塔台为素砖包砌。塔身南面正中开一圆拱券门，内设一双开扇假门，其余五面别无装饰。塔檐共三层，逐层内收。一至四檐下设转角铺作，补间铺作一垛，五层檐下无补间铺作。一层、二层为单抄四铺作，三至五层为斗口跳。

南面塔檐铺作

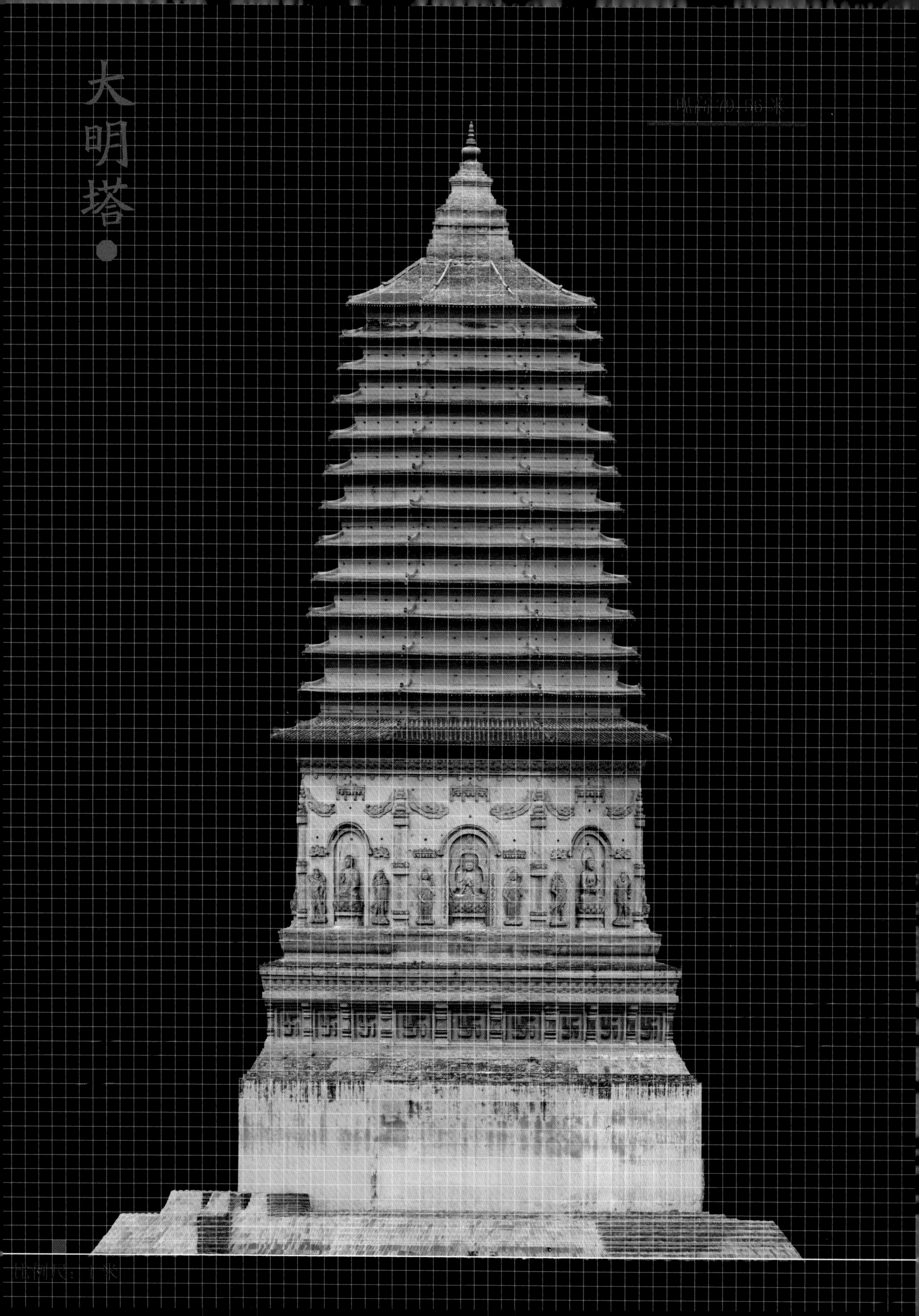
大明塔
现高79.56米
比例尺：1米

北面无人机俯视图

老照片*（西南远眺大明塔，近处为金小塔）

大明塔为砖木结合八角实心十三层密檐砖塔，建于辽兴宗重熙四年（1036年），位于内蒙古赤峰市宁城县天义镇南城村辽中京遗址内，塔坐标东经119°09′18.97″，北纬41°34′10.67″，朝向为南向，现高79.56米，为1961年第一批全国重点文物保护单位（编号：25）。该塔通体为砖筑。

塔基为素砖包砌，塔台中部有一层束腰，每面均开三个壶门，门内雕有“卍”字纹饰，壶门间以蜀柱相隔，转角处设倚柱，束腰上部设蓝色仰莲雕饰。塔台最上部为两层仰莲的莲台。

塔身共八面，各面均于正中开圆拱券门，门内一坐佛趺坐于莲台之上，券门两侧各一背承圆光的造像，其上设华盖或云朵雕饰。券门上方设华盖，其下两侧各一飞天雕饰，东西南北面券门两侧为胁侍像，其余四隅面为力士像，南面坐佛背承云纹浮雕圆光。

北面人视图

老照片 *

塔身转角均设经幢，由三层莲台分为两层，一层上书菩萨名号，二层上书灵塔名号，其上覆钵顶。塔身上部设如意云纹及仰莲雕饰，上施普拍枋，上部为木质转角铺作，补间铺作六朵，为斗口跳。塔身每面均设四面铜镜。塔檐共十三层，逐层内收，二层及以上为砖叠涩出檐，塔檐每面均设四面铜镜。

东南塔身转角铺作

南面塔台及仰莲

南面塔身

西南塔身

西北塔身

西面塔身

东北塔身铺作

静安寺塔
现高 13.99 米
比例尺：0.5 米

西南塔檐仰莲

南面人视图

静安寺塔为八角实心三层密檐砖塔，建于辽道宗咸雍六年（1070年），位于内蒙古赤峰市元宝山区小五家乡大营子村村北塔山上，塔坐标东经119°05′45.41″，北纬42°05′08.95″，朝向为南向。现高13.99米，为自治区级重点文物保护单位。该塔通体为砖筑。

塔基为素砖包砌，塔台有两层束腰，下层束腰每面开两个壶门，门内雕饰已不存，壶门间以饰有砖雕的蜀柱相隔。上层束腰每面均开两个壶门，门内雕有“卍”字纹饰，壶门间以蜀柱相隔。上下两层束腰上方均雕有两层仰莲。塔身八面，东南西北四面正中均开圆拱券门，门内一坐佛趺坐于莲台之上，券门上方设华盖砖雕。其余四隅面均于正中设一胁侍立于莲花座之上，其上方设华盖砖雕。塔身转角处均设经幢倚柱，每座灵塔设两层莲花座，上承覆钵。

塔檐共三层，逐层叠涩内收，每层檐下均雕有两层仰莲，其上为覆钵式塔顶、塔刹。

西南塔台

西南塔身人视图

半截塔

现高14.26米

比例尺 0.5米

半截塔为八角实心密檐砖塔，现存一层塔檐，建于辽道宗清宁三年（1057年），位于内蒙古赤峰市宁城县大明镇辽中京遗址外城西南角，塔坐标东经119°08′02.26″，北纬41°33′09.42″，朝向为南向，现高14.26米，为1961年第一批全国重点文物保护单位(编号：25)。该塔毁损严重，现存塔身及塔檐一层。

西南塔台铺作残留

西南塔身铺作

西南塔身

塔基为素砖包砌，塔台西南面有铺作残存。塔身八面，东南西北四面正中开圆拱券洞，内设双开扇假门，券门上方设华盖砖雕，两侧各一浮云雕饰，另有雕饰残迹若干，内容不存。其余四隅面均设两座三层灵塔于浅龛内。塔身转角处均设圆形倚柱，上施普拍枋，上部为仿木砖雕转角铺作，补间铺作一朵，均为双抄五铺作，令栱以鸳鸯交首栱相连，栱眼壁之上雕有花卉图案。砖铺作承托出挑木椽，别无其他构件。

老照片*

西南无人机俯视图（远处为金小塔及大明塔）

武安州塔
现高 29.97 米
比例尺：1 米

北面无人机俯视图

武安州塔为八角空心十三层密檐砖塔，建造年代为辽代早期，位于内蒙古赤峰市敖汉旗南塔乡所在地白塔子村隔河对岸的高岗之上，塔坐标东经120°13′16.68″，北纬42°18′34.80″，朝向为南向，现高29.97米，为2013年第七批全国重点文物保护单位(编号：7-0074-1-074)。该塔通体为砖筑，近代未曾修缮过，仍然保持原制。

塔基碎砖裸露在外，下部残损较严重。塔身八面，南面塔台、塔身破损严重，塔基、塔身各有一残洞，可观其内部，南侧塔身壁内有楼梯通往上层。东西北四面均于正中设圆拱券门，南其余四隅面残存直棂假窗余迹，塔身上部可见普拍枋，此外装饰皆不存，各面均匀分布多个两砖厚方形孔洞。

东南残存三层铺作

东南塔身及二层塔檐

南面人视图

东面残存内部阶梯

东面残存塔檐

塔檐残存十一层，内收明显，残存一层檐下存普拍枋，施转角铺作，补间铺作三朵。残存二层檐下存转角铺作，补间铺作二朵，为单抄四铺作，残存三至十一层檐下为砖叠涩出檐，塔檐逐层内收。

东面残存二层铺作

山西地区

应县木塔
杨塔村塔
觉山寺塔
觉山寺小塔
禅房寺塔
华严塔
华严寺石经幢
南上寨舍利塔

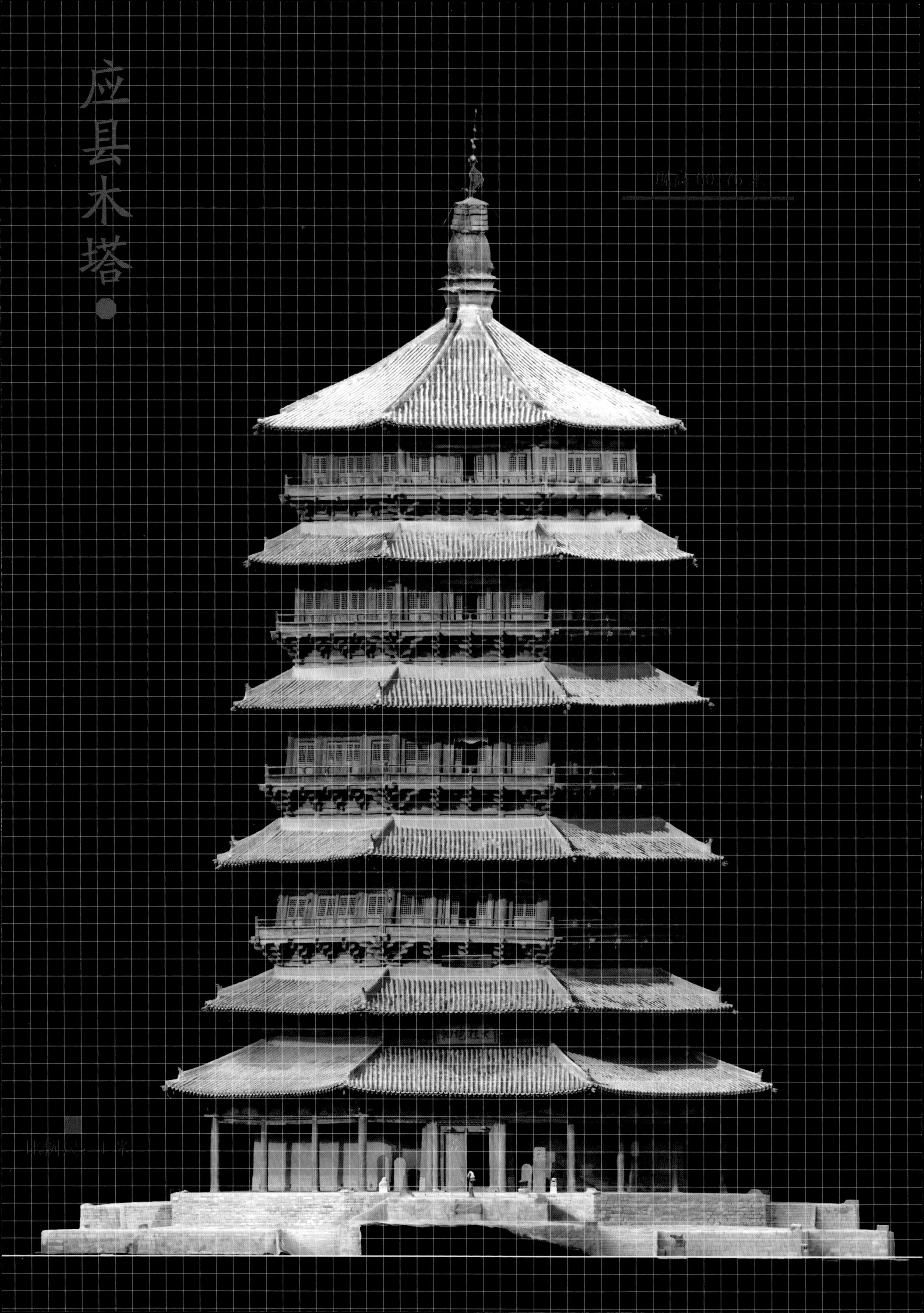
应县木塔
现高60.76米
比例尺：1米

二层西面现状图

三层西面现状图

二层西南现状图

三层西南现状图

二层西北现状图

三层西北现状图

应县木塔（又称佛宫寺释迦塔)为木结构八角楼阁式塔，建造年代为辽道宗清宁二年（1056年），位于山西省朔州市应县佛宫寺内，塔坐标东经113°10′55.72″，北纬39°33′54.29″，朝向为南向，现高60.76米，为1961年第一批全国重点文物保护单位（编号：24）。该塔五明四暗共九层，结构庞杂，木质铺作类型繁多。每层间设平座层、铺作层，塔内可登临，每明层内设各种题材的泥塑佛教造像。

老照片（亚细亚大观．第 15 辑．总 16 辑．亚细亚写真大观社编．1936-1940 年 -337）

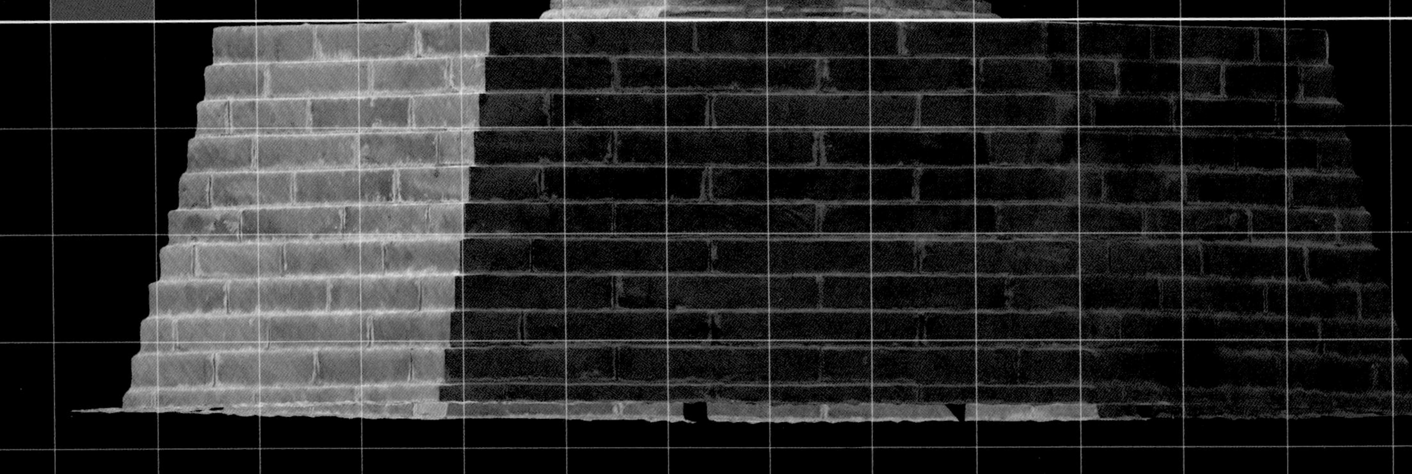

西北塔檐

北面塔台

杨塔村塔为六边形实心五层密檐砖塔，建造年代为辽代，位于山西省大同市阳高县杨塔村东北。塔坐标东经113°55′53.14″，北纬40°12′56.02″，朝向为北向，现高6.68米，为2016年第五批省级重点文物保护单位。该塔通体为砖筑。

塔基为素砖包砌，塔台两层束腰，下层束腰装饰内容不存，上层束腰每面均雕花卉图案，转角处设圆形倚柱，上施普拍枋，上为平座仿木砖雕转角铺作，补间铺作一朵，为斗口跳，上承平座勾栏。塔台上部为三层仰莲的莲台承托上部塔身。

塔身共六面，北面正中设双开扇假门，西北、东北面无雕饰内容，其余面正中设直棂假窗，塔身上部均雕如意云纹图案，转角处均设圆形倚柱，上施普拍枋，上部为仿木砖雕转角铺作，补间铺作一朵，为双抄五铺作，无令栱、耍头，以鸳鸯交首栱相连。

塔檐共三层，逐层内收。二层、三层檐下为斗口跳。每层均设补间铺作一朵。铺作下均置平座，每面开两个壶门，门间以蜀柱相隔。

西面无人机俯视图

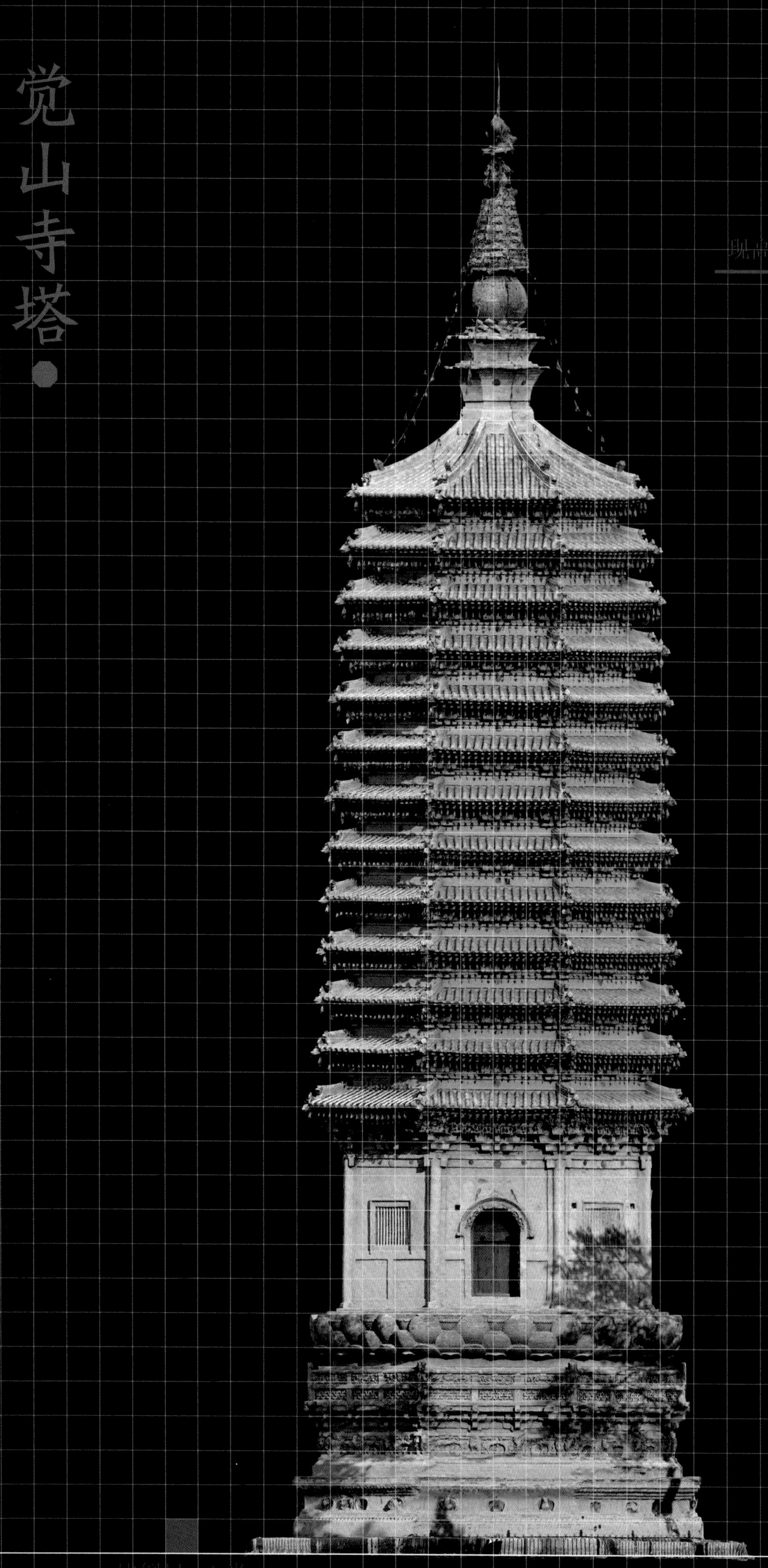
觉山寺塔
现高37.39米
比例尺：1米

西南无人机俯视图

东面塔身仰视图

东南须弥座及塔台

觉山寺塔为八角空心十三层密檐砖塔，建造年代为辽道宗大安六年（1090年），位于山西省大同市灵丘县城东南15公里处红石塄乡觉山寺寺院西部（西轴线前院中部），塔坐标东经114°18′18.64″，北纬39°22′10.92″，朝向为南向，现高37.39米，为2001年第五批全国重点文物保护单位(编号：51)。该塔通体为砖筑。

塔基中部有一层束腰，每面均开三个壶门，门内有壶门兽一只，门两侧有少量乐舞人砖雕留存，壶门间以蜀柱相隔，束腰上下有仰莲、覆莲雕饰。塔台设有一层束腰，每面开三个壶门，门内及门两侧为乐舞人砖雕，壶门上方为二龙戏珠雕饰，门间及转角处均设力士像，上施普拍枋，上部为平座仿木转角铺作，补间铺作二垛，为双抄五铺作，无令栱、耍头，上承平座勾栏。塔台上部为三层仰莲的莲台。

东北无人机俯视图

北面塔台二层束腰乐舞人

东面塔台一层束腰壶门兽

北面塔台二层束腰乐舞人

塔身共八面，南北两面设圆拱券门，可至塔心室，东西两面正中开圆拱券洞，内有双开扇假门，券顶有二龙戏珠雕饰，其余四隅面均设直棱假窗，塔身每面设三面铜镜。塔身转角处均设圆形倚柱，上施普拍枋，上部为仿木转角铺作，补间铺作一朵，均为双抄五铺作。

塔檐共十三层，逐层内收，二层及以上均设平座层、铺作层，各角均施转角铺作，补间铺作一朵，为单抄四铺作，每面均设一面铜镜。

觉山寺小塔

北面塔台

觉山寺小塔为四边形实心三层密檐砖塔，建造年代为辽代，位于大塔西南侧相距百米左右的小山顶上，塔坐标东经114°18′16.52″，北纬39°22′07.10″，朝向为东向，现高5.87米，2001年被国务院列为第五批全国重点文物保护单位(编号：51)。该塔通体为砖筑。

塔基为素砖包砌，塔台有一层束腰，每面均开两个壸门，门内雕饰已不存。塔身东面开一方形门洞，可达塔心室，西南北三面为素砖包砌，塔身与塔檐间残存砖雕铺作痕迹，塔檐共三层，逐层内收，二层、三层以砖叠涩出檐。

东面人视图

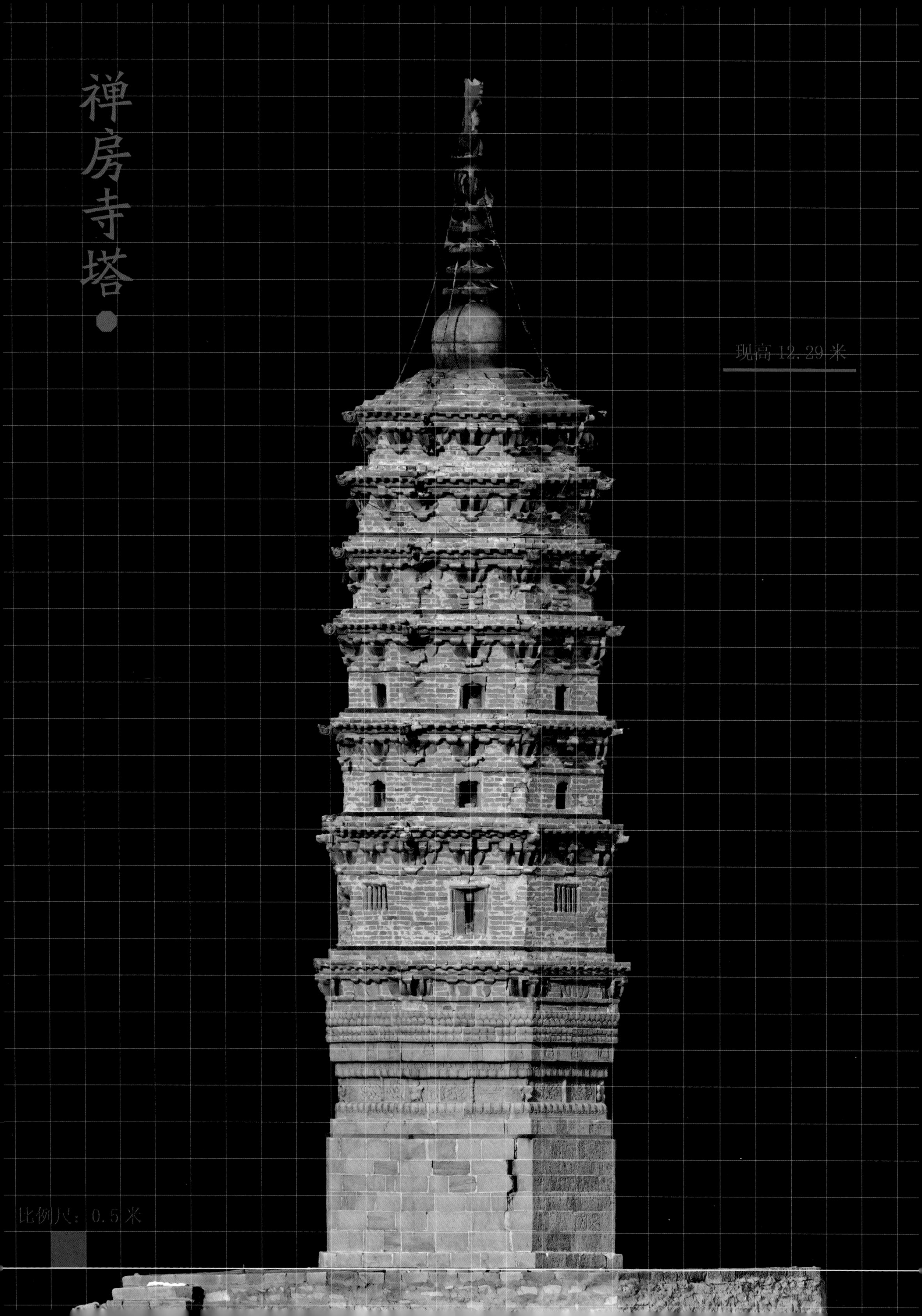
禅房寺塔
现高 12.29 米
比例尺：0.5 米

东南无人机
俯视图

禅房寺塔为八角空心三层楼阁与密檐结合式砖塔，建造年代为辽代，位于山西省大同市古城西南30公里处南郊区七峰山丈人峰顶（海拔1650米），塔坐标东经113°02′55.32″，北纬39°56′40.25″，朝向为南向。现高12.29米(倾斜摄影数据)，为2006年第六批全国重点文物保护单位(编号:Ⅲ－73)。

西南三层塔身

塔基、塔台为石质，塔台两层束腰，每面均开两个壶门，门内雕花卉图案，壶门间以蜀柱相隔。转角处均设力士像，束腰上下雕仰莲、覆莲雕饰。上层束腰每面雕三个坐佛趺坐于莲台之上，其上雕仰莲、覆莲纹饰。塔台上部为两层仰莲的莲台，其上施普拍枋，上部施仿木转角铺作，补间铺作一朵，为斗口跳，上承塔身，塔台铺作层及以上为砖筑。

塔身八面，一层塔身东南西北四面均开方形门洞，可通往塔心室，四隅面设直棂窗。二层、三层塔身每面均开火焰形券门。下三层塔身均上施普拍枋，上部为仿木转角铺作，补间铺作一朵。上部塔檐共三层，下施转角铺作，补间铺作一朵。该塔每层均设平座，铺作均为斗口跳。

南面塔台

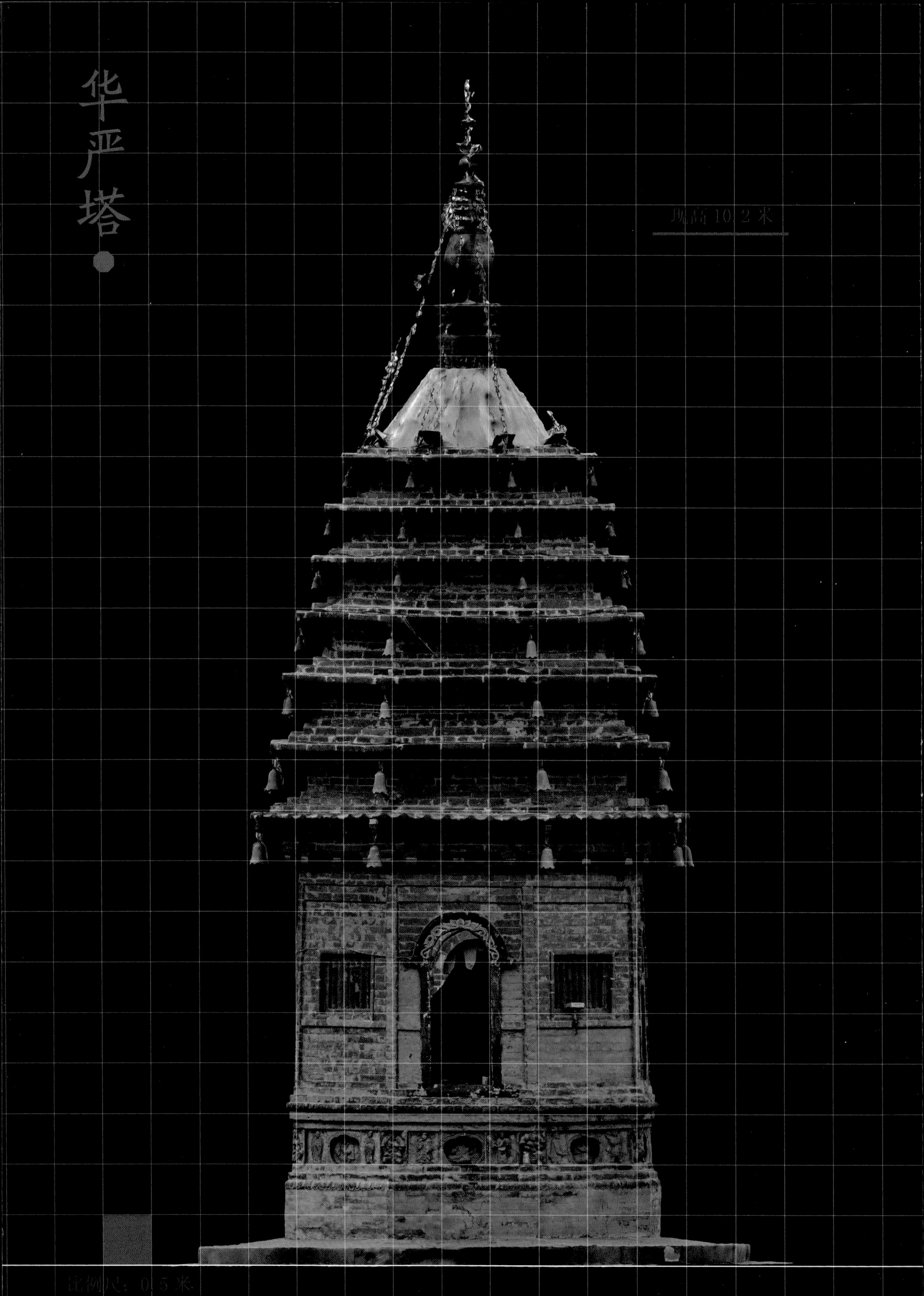
华严塔
现高 10.2 米
图例尺：0.5 米

东北无人机俯视图

华严塔（又称清凉山砖塔、魁星塔）为八角空心七层密檐砖塔，建造年代为辽代，位于山西省朔州市怀仁市何家堡乡悟道村西清凉山顶峰，塔坐标东经112°59′13.36″，北纬39°50′59.17″，朝向为南向，现高10.2米，于1996年被列为省级重点文物保护单位。该塔通体为砖筑。

塔基为素砖包砌，塔台中部一层束腰，每面均开一个壶门，门内雕坐佛一尊，门两侧各设一胁侍。转角处均设力士像，束腰上下雕有仰莲、覆莲纹饰。

塔身共八面，南面设圆拱券门，可通往塔心室。东西北三面均设圆拱券门，内有一双开扇假门，其余四隅面均设直棱假窗。塔身上施普拍枋，上部为仿木砖雕转角铺作，补间铺作一朵，为斗口跳。

塔檐共七层，逐层内收，二层及以上以砖叠涩出檐。

北面塔台束腰

北面塔身

华严寺石经幢

华严寺石经幢为八角两层石经幢，建造年代为辽道宗寿昌元年，位于山西省大同市华严寺内，塔坐标东经113°17′20.09″，北纬40°05′26.21″，朝向为南向，现高2.76米(倾斜摄影数据)。

塔基下部为素砖包砌，上部雕如意云纹。上为一层束腰，每面开一个壸门，门内雕饰不存，转角处均设圆形倚柱，束腰上下雕仰莲、覆莲纹饰。其上为两层塔身，一层由莲台承托，上书经文，二层为仿木勾栏承托，内嵌造像，顶部为石质仿木塔顶，其上为石质塔刹，间以仰莲。

塔身仿木石雕

南面人视图

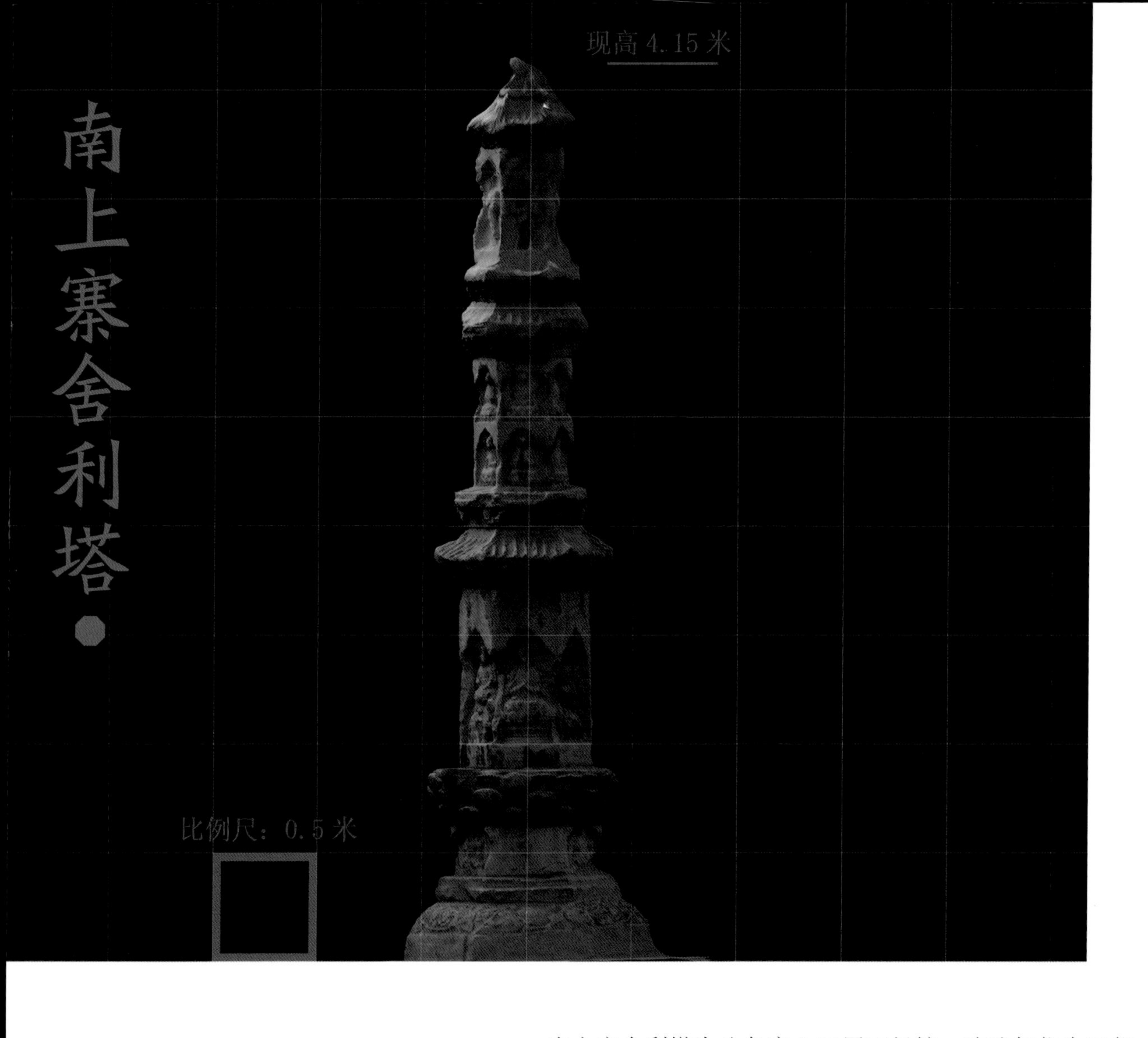

南上寨舍利塔为八角实心三层石经幢，建造年代为辽代，位于山西省朔州市应县南泉乡南上寨文殊寺内，塔坐标东经113°14′54.19″，北纬39°24′17.78″，朝向为南向，现高4.15米。

塔台有花卉雕饰，其上束腰各面雕坐佛趺坐于莲台之上，三层仰莲承托塔身。塔身三层，各面均雕一至二层坐佛，檐部为石质仿木重檐，顶部为单层塔檐，其上为塔刹。

南面二层仿木塔檐

南面一层仿木塔檐

附录

其他辽塔信息

国家与地区	名字	别名	地址	年代	边数	层数	类型	材料	保护级别	坐标
中国辽宁省	石佛寺塔基	新城子七星山残塔	沈阳市沈北新区石佛寺朝鲜族锡伯族乡七星山主峰顶峰	辽道宗咸雍十年(公元1074年)	6	7	残塔	砖	2013年市级文物保护单位	东经123°20'09.00" 北纬42°08'13.00"
	槐树洞塔	止水塔	朝阳市朝阳县南双庙乡境内槐树洞景区	辽代	8	3	塔幢	石板叠筑	2014年第九批省级文物保护单位	东经120°21'46.00" 北纬41°22'44.00"
	锦州北镇闾山灵山寺塔林	—	锦州市北镇市鲍家乡，医巫闾山中麓，灵山风景区灵山寺山林里	—	—	3-7级不等	鼓形或密檐式	石筑	—	东经121°43'13.00" 北纬41°36'13.00"
中国吉林省	吉林农安万金塔石塔	—	长春市农安县城东北万金塔镇万金塔村，现藏吉林省博物院	辽代	4	3	楼阁式	石雕	—	—
中国北京市	密云冶仙塔	—	北京密云县城东北4公里冶山上	—	8	3	楼阁式	砖	—	东经116°04'47.13" 北纬39°52'09.64"
	通州区燃灯塔	—	北京城东通州区北城西海子公园	始建于唐，再修于辽	8	13	密檐式	砖	—	东经116°39'35.00" 北纬39°54'52.00"
	昌平半截塔	—	昌平区东小口镇半截塔村	辽代	8	—	残塔	砖	2004年昌平区级文物保护单位	东经116°23'49.00" 北纬40°04'55.00"
	北京海淀普庵塔	—	海淀区四季青乡四王府东北普陀山南坡	辽代	8	7	密檐式	砖	—	—
	招仙塔（塔基）	—	北京石景山区翠微山东部西山八大处灵光寺东南	—	8	1	塔基	—	—	东经116°10'36" 北纬39°57'21.00"
	大兴塔林（塔基）	—	北京大兴区康庄	—	—	—	塔基	—	—	—
中国天津市	蓟县盘山御公塔	—	蓟县城西北盘山风景区，座落在天成寺大殿西南，古佛舍利塔塔西侧	辽/金	—	—	六角经幢式	—	—	—
中国河北省	灵山塔	—	廊坊市三河市城区东北十五华里处洵阳镇的灵山顶端	建于辽代，明代曾重修	8	5	楼阁式	砖木	—	东经117°05'00.00" 北纬40°02'22.00"
	大辛阁石塔	—	河北省廊坊市永清县城西大辛阁乡大辛阁村南白塔寺院内	辽代	8	13	经幢式	石	2013年第七批全国重点文物保护单位（编号：7-0722-3-020）	—
	遵化保安塔	—	遵化县西下营满族乡塔头村南小山上	—	8	3	楼阁式	砖	2008年省级重点文物保护单位	—
蒙古国	契丹塔	—	东方省	—	6		其他	—	—	—

后记

从1990年开始接触到位于呼和浩特市的辽塔——万部华严经塔时就感到高塔的奇妙和深奥，然当时的条件仅限于对古文献的研究和实地勘察与传统测绘。对辽塔探索热情的重燃是2015年新建筑测绘设备的获得，2016年指导研究生撰写两座辽塔的论文，苦于数据缺乏，便利用寒暑假的机会将内蒙古现有九座辽塔、一座金塔进行三维扫描测绘，以此为发端对跨越五省（区）、二市百座辽塔进行了为时五年的全覆盖测绘和调研；从开始选择性地研究辽塔，到不久前确定出版此书，期间组织技术团队投入很长时间、付出极大艰辛采集数据。我指导的五届研究生参与了测绘、编制文稿、查询资料的工作，每个假期不论严寒酷暑都是在测绘的路途中度过，每逢去荒郊野地测塔很难吃上一餐午饭，教学之余的时间均用来处理数据。种种原因导致部分辽塔经过了两轮测绘，但遗憾的是直到出版前部分辽塔数据仍然无法获得。这段时间也有点滴收获，指导研究生完成硕士论文7篇，国内核心期刊发表学术论文3篇，受邀参加哈佛大学举行的中国古塔国际学术会议，并建立空间信息技术在文化遗产中的应用研究——国家文物局重点科研基地(清华大学)内蒙古工作站。

对于辽塔的研究之路，首先感谢我所在的内蒙古工业大学建筑学院，为团队提供先进的设备，并提供部分出版资金。感谢国家文物局重点科研基地(清华大学)、呼和浩特市城市科学研究会、内蒙古向度信息技术有限公司、内蒙古沛霖测绘科技有限公司、瞰景科技发展（上海）有限公司等单位无偿的技术服务；感谢多位好友帮助联系文物部门，才得以到现场进行测绘；还要感谢我的家庭给予充足的时间和大量资金的支持。

不久前和建筑学、测量学的朋友研讨，使用营造法式中确定的测量工具：景表板、望筒、水池景表、真尺和真尺水平，如何使五十余米高的砖塔从下往上建造而形心不偏离？深感到古人技术难能可贵的同时，又产生了需要展开的另一项探索内容，围绕着辽塔的辽代建筑历史研究还有后续的很多工作！

本书受到内蒙古自治区关键技术攻关计划项目基金支持（项目名称：基于当代数字技术的内蒙古建筑遗产传承与再利用研究）。

图书在版编目（CIP）数据

数字辽塔 / 王卓男著 . —北京：中国建筑工业出版社，2019.12
ISBN 978-7-112-24487-4

Ⅰ. ①数… Ⅱ. ①王… Ⅲ. ①佛塔－古建筑－研究－中国－辽代 Ⅳ. ① TU-885

中国版本图书馆 CIP 数据核字（2019）第 282242 号

责任编辑：唐　旭　张　华
文字编辑：李东禧
责任校对：赵　菲

数字辽塔

王卓男　著

*

中国建筑工业出版社出版、发行（北京海淀三里河路 9 号）
各地新华书店、建筑书店经销
天津图文方嘉印刷有限公司印刷

*

开本：880 毫米 ×1230 毫米 1/16 印张：$14^1/_4$ 字数：331 千字
2019 年 12 月第一版　2019 年 12 月第一次印刷
定价：148.00 元
ISBN 978-7-112-24487-4
（35143）